用Python高效操作Excel很简单

张善春 ◎ 编著

北京理工大学出版社
BEIJING INSTITUTE OF TECHNOLOGY PRESS

版权专有 侵权必究

图书在版编目(CIP)数据

用 Python 高效操作 Excel 很简单 / 张善春编著. -- 北京：北京理工大学出版社, 2023.12
  ISBN 978-7-5763-3151-6

Ⅰ. ①用… Ⅱ. ①张… Ⅲ. ①软件工具—程序设计②表处理软件 Ⅳ. ①TP311.561②TP391.13

中国国家版本馆 CIP 数据核字(2023)第 228896 号

责任编辑：江 立　　　**文案编辑：**江 立
责任校对：周瑞红　　　**责任印制：**施胜娟

出版发行 /	北京理工大学出版社有限责任公司
社　　址 /	北京市丰台区四合庄路 6 号
邮　　编 /	100070
电　　话 /	（010）68944451（大众售后服务热线）
	（010）68912824（大众售后服务热线）
网　　址 /	http：//www.bitpress.com.cn

版 印 次 /	2023 年 12 月第 1 版第 1 次印刷
印　　刷 /	三河市中晟雅豪印务有限公司
开　　本 /	787 mm × 1020 mm　1/16
印　　张 /	14
字　　数 /	307 千字
定　　价 /	79.00 元

图书出现印装质量问题，请拨打售后服务热线，负责调换

前言

　　Excel 是人们在日常工作中经常使用的办公软件之一,它也是人们在数据分析领域经常使用的工具之一,但是它并不能全自动地完成一些流程固定化的工作任务。虽然 Excel VBA 能够实现很多自动化的操作任务,但是对于初学编程的人来说,Excel VBA 的学习难度远远大于 Python。

　　Python 凭借简单易懂的语法和大量易学易用的库而深受各行各业从业人员的喜爱。特别是在数据分析和机器学习等领域,Python 更是不可或缺的工具。Pandas 是非常有名的 Python 开源数据分析工具库,它用法灵活,性能高效,在金融、数据分析和统计等领域有非常广泛的应用。熟练掌握 Pandas 的用法,对于每一个想从事与数据分析有关的人而言几乎是必备技能之一。Openpyxl 是 Python 用于读写 Excel 的 xlsx 格式文件的一个操作库,它特别擅长绘制 Excel 的各种图表及单元格样式等。

　　人们可以利用 Pandas 强大的数据处理和分析能力对数据进行分析和处理,然后充分利用 Openpyxl 高效地绘制各种 Excel 图表,最后将 Pandas 处理好的数据提供给 Openpyxl 绘制图表和报表,从而实现工作流程的完全自动化处理。

　　随着 Python 在数据处理与分析等领域的广泛流行,能熟练运用 Python+Pandas+Openpyxl 组合将会给职场人员带来更强的竞争力,包括办公、财务和统计分析等多个领域的从业人员都需要学习 Python。本书结合笔者多年的编程经验,由浅入深、从简到繁,运用大量实例介绍了 Python 的基础语法、Openpyxl 的基础操作、Openpyxl 中类图表的绘制、Pandas 的基础概念、Pandas 对数据基础操作等方面的内容,并通过两个近似于工作情景的项目,来加深读者对各知识点的掌握程度。书中通过大量的代码实例来讲解各个知识点,而并不是非常教条式地讲解工作原理,让整个学习过程轻松而易懂。

本书特色

- **通俗易懂**:用通俗易懂的语言介绍编程的相关概念,即便是编程"小白",也能轻松上手。
- **编排合理**:内容编排合理,讲解由浅入深,学习梯度平滑,阅读起来毫无障碍,对入门读者非常友好。
- **内容实用**:结合大量的代码示例讲解知识点,方便读者理解和上手练习,读者可以边阅读边实际操作,从而迅速提升编写代码的能力。

- 图文并茂：讲解时给出大量的图示，并在图上做大量的文字标注，帮助读者高效、直观地学习，从而迅速掌握核心知识点和操作。
- 步骤详细：涉及的操作步骤讲解很详细，读者只要按照书上的步骤一步一步地演练，即可快速掌握相关操作。
- 代码详解：对示例代码给出详细的注释，并进行详细的解读，从而帮助读者高效地阅读代码。
- 项目实战：通过两个项目实战案例，带领读者进行实际的编程实践，提高开发水平。
- 避坑提示：提供140多个避"坑"提示和说明，让读者在学习过程中少走弯路。

内容介绍

第1篇 基础知识

第1章介绍 Python 编程环境 Anaconda 和 VS Code 的安装与配置，并编写第一个 Python 程序。

第2章介绍 Python 语言基础，包括标识符、变量、基本数据结构、运算符、控制和循环语句等。

第3章介绍 Python 的函数、模块和类的概念及其用法。

第2篇 进阶实操

第4章介绍 Openpyxl 的安装及其对工作簿和工作表的基本操作，如新建、删除、复制和重命名等。

第5章介绍如何使用 Openpyxl 对 Excel 中的行、列和单元格进行操作，包括合并和拆分单元格、插入和删除行与列、隐藏行与列、批量插入数据、插入图片、冻结行与列等。

第6章介绍如何使用 Openpyxl 设置工作表中的单元格样式，如行高、列宽、字体、对齐、数字、边框和填充等样式。

第7章介绍如何使用 Openpyxl 绘制常用的 Excel 图形，如柱形图、折线图、面积图、饼图、甜甜圈图、散点图和股票图等。

第8章介绍如何使用 Openpyxl 绘制组合图形。例如：通过"木材"和"糖产量"实例，展示柱形图与折线图组合的绘制方法；通过"股票信息"实例，展示股票图、柱形图和折线图组合的绘制方法。

第9章介绍 Pandas 的相关知识，涵盖如何从 Pandas 中获取数据、如何使用 Pandas 操作 Excel 文件、Pandas 与 Openpyxl 如何交互，以及如何使用 Openpyxl 和 Pandas 合并多个 Excel 文件等。

第3篇　项目实战

第 10 章自动生成财务报表项目实战，从数据获取与处理，以及财务报表制作几个方面介绍 Pandas 与 Openpyxl 如何无缝协作自动生成资产负债表、利润表和现金流量表。

第 11 章财务数据分析项目实战，结合 Pandas 与 Openpyxl 的优势，对资产负债率、现金比率、企业盈利等多项指标进行分析，并制作相应的图表文件。

本书读者对象

- 数据分析从业人员；
- 金融与财务从业人员；
- 职场办公人员；
- Python 编程初学者；
- Python 编程爱好者；
- 其他软件开发人员。

配书资料

本书涉及的源代码和数据文件等配书资料需要读者自行下载。请关注微信公众号"方大卓越"，然后回复"15"即可获取下载链接。

售后服务

虽然笔者在本书的编写过程中力求完美，但限于学识和能力水平，书中可能还存在疏漏与不当之处，敬请读者朋友批评、指正。阅读本书时若有疑问，可以发送电子邮件到 bookservice2008@163.com 或 zhangshanchun13@163.com 以获得帮助。

张善春

目录

第 1 篇　基础知识

第 1 章　Python 编程轻松起步 ... 2
- 1.1　Python 编程环境搭建 ... 2
  - 1.1.1　安装 Anaconda 和 Visual Studio Code ... 2
  - 1.1.2　配置高效的 VS Code ... 9
- 1.2　编写第一个 Python 程序 ... 14
  - 1.2.1　编写 Python 源代码 ... 14
  - 1.2.2　运行 Python 程序 ... 15
- 1.3　小结 ... 17

第 2 章　Python 语言基础 ... 18
- 2.1　Python 语法特点 ... 18
  - 2.1.1　Python 的标识符 ... 18
  - 2.1.2　Python 的代码缩进 ... 19
  - 2.1.3　Python 的注释 ... 20
  - 2.1.4　Python 的变量 ... 20
- 2.2　Python 的基本数据类型 ... 21
  - 2.2.1　字符串 ... 21
  - 2.2.2　数 ... 24
  - 2.2.3　布尔 ... 24
  - 2.2.4　列表 ... 25
  - 2.2.5　元组 ... 27
  - 2.2.6　字典 ... 27
  - 2.2.7　集合 ... 28
- 2.3　Python 的运算符 ... 30
  - 2.3.1　算术运算符 ... 30
  - 2.3.2　赋值运算符 ... 31
  - 2.3.3　比较运算符 ... 33
  - 2.3.4　逻辑运算符 ... 34

2.4 控制语句和循环语句 ································· 35
2.4.1 if 语句 ································· 35
2.4.2 while 语句 ································· 36
2.4.3 for 语句 ································· 37
2.4.4 break 和 continue 语句 ································· 38
2.4.5 pass 语句 ································· 39
2.5 小结 ································· 39

第 3 章 Python 的函数、模块和类 ································· 40
3.1 Python 的函数 ································· 40
3.1.1 函数的创建和调用 ································· 40
3.1.2 函数的参数 ································· 41
3.1.3 函数的返回值 ································· 43
3.1.4 匿名函数 ································· 43
3.2 Python 的模块 ································· 44
3.2.1 导入模块 ································· 44
3.2.2 __name__ 属性 ································· 45
3.2.3 包 ································· 45
3.3 Python 的类 ································· 47
3.3.1 类的创建和使用 ································· 47
3.3.2 类的属性和方法 ································· 48
3.3.3 类的继承 ································· 49
3.4 小结 ································· 50

第 2 篇　进阶实操

第 4 章 操作 Excel 的利器——Openpyxl ································· 52
4.1 为什么选择 Openpyxl ································· 52
4.1.1 Openpyxl 的优缺点 ································· 52
4.1.2 安装 Openpyxl ································· 53
4.2 使用 Openpyxl 操作工作簿 ································· 53
4.2.1 新建工作簿 ································· 53
4.2.2 打开已有的工作簿 ································· 54
4.3 使用 Openpyxl 轻松操作工作表 ································· 54
4.3.1 获取活动工作表 ································· 54
4.3.2 新增工作表 ································· 55
4.3.3 重命名工作表 ································· 57
4.3.4 复制工作表 ································· 58

    4.3.5 删除工作表 ··· 58
  4.4 小结 ··· 59
第 5 章 使用 Openpyxl 操作行、列和单元格 ··· 60
  5.1 Openpyxl 的单元格 ·· 60
    5.1.1 定位单元格 ··· 60
    5.1.2 操作单元格的值 ·· 63
    5.1.3 合并和拆分单元格 ·· 63
  5.2 Openpyxl 的行和列 ·· 65
    5.2.1 指定行和列 ··· 65
    5.2.2 插入空行和空列 ·· 67
    5.2.3 删除行和列 ··· 68
    5.2.4 隐藏行和列 ··· 68
  5.3 插入数据 ·· 70
    5.3.1 批量插入行数据 ·· 70
    5.3.2 批量插入列数据 ·· 71
    5.3.3 插入图片 ··· 74
  5.4 冻结窗口 ·· 75
    5.4.1 冻结首行或多行 ·· 75
    5.4.2 冻结首列或多列 ·· 76
    5.4.3 冻结多行多列 ··· 76
  5.5 小结 ··· 76
第 6 章 让工作表变得漂亮 ··· 77
  6.1 设置行高和列宽 ··· 77
  6.2 设置单元格样式 ··· 77
    6.2.1 设置字体样式 ··· 78
    6.2.2 设置对齐样式 ··· 78
    6.2.3 设置数字格式 ··· 78
    6.2.4 设置边框样式 ··· 79
    6.2.5 设置填充样式 ··· 79
  6.3 综合实例 ·· 80
  6.4 小结 ··· 84
第 7 章 使用 Openpyxl 轻松制作 Excel 常用图形 ··· 85
  7.1 制作柱形图 ··· 85
    7.1.1 制作 2D 柱形图 ·· 85
    7.1.2 制作 3D 柱形图 ·· 89
  7.2 制作折线图 ··· 92

7.2.1 制作基础折线图 … 92
7.2.2 制作堆叠折线图 … 97
7.2.3 制作百分比堆叠折线图 … 98
7.3 制作面积图 … 98
7.4 制作饼图 … 102
7.4.1 制作2D和3D饼图 … 102
7.4.2 制作投影饼图 … 106
7.5 制作甜甜圈图 … 109
7.6 制作散点图 … 113
7.7 制作股票图 … 116
7.8 小结 … 118

第8章 使用Openpyxl制作组合图形 … 119
8.1 制作组合柱形图和折线图 … 119
8.1.1 数据准备 … 120
8.1.2 绘制木材产量折线图 … 120
8.1.3 绘制糖产量柱形图 … 121
8.1.4 "组装"形图 … 122
8.2 制作组合股票图、柱形图和折线图 … 124
8.2.1 数据准备 … 124
8.2.2 绘制股价图 … 126
8.2.3 绘制收盘价折线图 … 128
8.2.4 绘制成交量柱形图 … 129
8.2.5 "组装"图形 … 130
8.3 小结 … 132

第9章 Openpyxl灵魂伴侣——Pandas … 133
9.1 Pandas简介 … 133
9.1.1 安装Pandas … 133
9.1.2 Pandas的两个利器 … 134
9.2 从Pandas中获取数据 … 138
9.2.1 创建测试的DataFrame数据 … 138
9.2.2 通过指定列获取数据 … 139
9.2.3 通过[:]方式获取行数据 … 139
9.2.4 通过loc()和iloc()函数获取数据 … 140
9.2.5 通过at()和iat()函数获取数据 … 142
9.3 使用Pandas操作Excel文件 … 142
9.3.1 将工作表转换为DataFrame … 143

9.3.2 将 DataFrame 转换为工作表 ········· 147
9.4 Openpyxl 与 Pandas 交互 ········· 150
 9.4.1 将 DataFrame 对象数据转换为 WorkSheet 对象数据 ········· 150
 9.4.2 将 WorkSheet 对象数据转换为 DataFrame 对象数据 ········· 152
9.5 合并多个 Excel 文件 ········· 156
 9.5.1 使用 Openpyxl 合并多个 Excel 文件 ········· 156
 9.5.2 使用 Pandas 合并多个 Excel 文件 ········· 159
9.6 小结 ········· 161

第 3 篇　项目实战

第 10 章　自动生成财务报表项目实战 ········· 164
10.1 项目准备 ········· 164
 10.1.1 项目简介 ········· 164
 10.1.2 项目结构 ········· 165
 10.1.3 预期效果 ········· 165
10.2 获取源数据 ········· 167
 10.2.1 获取资产负债表源数据 ········· 167
 10.2.2 获取利润表源数据 ········· 170
 10.2.3 获取现金流量表源数据 ········· 170
10.3 数据格式转换 ········· 171
 10.3.1 资产负债表源数据格式转换 ········· 171
 10.3.2 利润表源数据格式转换 ········· 173
 10.3.3 现金流量表源数据格式转换 ········· 174
10.4 创建报表 ········· 175
 10.4.1 创建资产负债表 ········· 175
 10.4.2 创建利润表 ········· 180
 10.4.3 创建现金流量表 ········· 185
 10.4.4 代码重构 ········· 189
10.5 小结 ········· 195

第 11 章　财务数据分析项目实战 ········· 196
11.1 项目准备 ········· 196
11.2 资产负债率分析 ········· 197
11.3 现金比率分析 ········· 202
11.4 企业盈利分析 ········· 206
11.5 小结 ········· 211

第1篇
基础知识

▶▶ 第1章　Python 编程轻松起步

▶▶ 第2章　Python 语言基础

▶▶ 第3章　Python 的函数、模块和类

第 1 章　Python 编程轻松起步

对于一个编程"小白",甚至一个编程"老手"来说,在面对 Python 如此多的发行版本,以及现在市面上眼花缭乱的开发工具时,都会或多或少有选择困难的感觉,在"开头"就会花费大量的时间和精力。笔者根据自己多年的实际工作使用情况,为读者推荐一套非常容易安装、配置且易上手的开发环境,打破"万事开头难"的困境。

本章的主要内容如下:
- 搭建一套高效可用的 Python 开发环境。
- 编写并运行第一个 Python 程序。

1.1　Python 编程环境搭建

工欲善其事,必先利其器。一个好的编程环境,能让编码工作更加高效和顺利。本节主要介绍编程环境的搭建及 IDE 工具的配置。

1.1.1　安装 Anaconda 和 Visual Studio Code

Anaconda 是一个开源的 Python 发行版本,包含 Python 和 Conda 等近 200 个科学包及其依赖项,其中也包含本书的"主角"Openpyxl。本书仅使用 Anaconda 进行 Python 依赖包的安装和升级等。使用 Anaconda 可以非常完美地解决新手在安装 Python 的过程中出现的各种问题,把精力集中在编码实现上。

下面请跟着笔者的介绍步骤在 Windows 上安装 Anaconda。

（1）在 Anaconda 官网（https://www.anaconda.com/）上选择符合自己操作系统的最新 Anaconda 版本,操作如图 1.1 所示。

> 说明:这里只讲解在 Windows 平台上的安装过程,安装时的显示页面根据读者选择的版本而有所不同,但主要的内容都是相似的。

第 1 章　Python 编程轻松起步

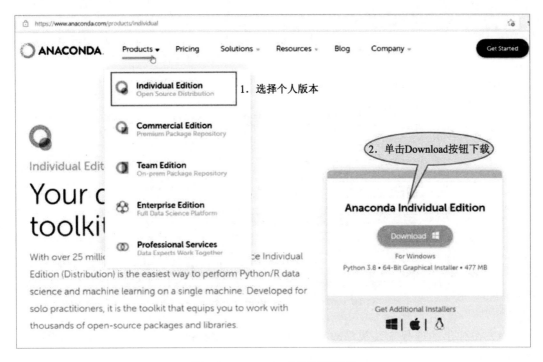

图 1.1　Anaconda 官网下载页面

（2）双击下载完成的 exe 格式文件，弹出软件的安装欢迎对话框，如图 1.2 所示，单击 Next 按钮。

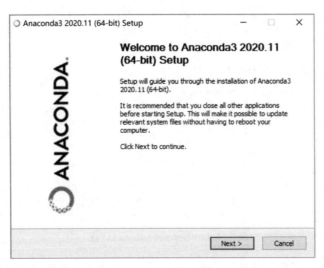

图 1.2　Anaconda 安装欢迎对话框

（3）在弹出的协议许可对话框中单击 I Agree 按钮，如图 1.3 所示。

第 1 篇　基础知识

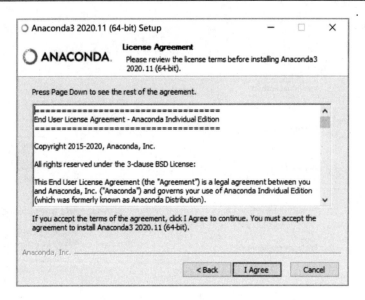

图 1.3　Anaconda 协议许可对话框

（4）在弹出的选择安装类型对话框中选择 Just Me 单选按钮，单击 Next 按钮，如图 1.4 所示。

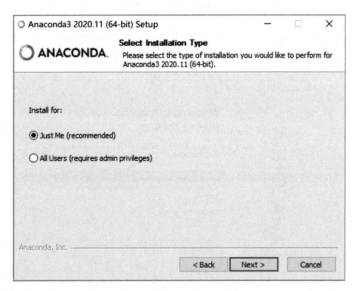

图 1.4　选择安装类型对话框

（5）在弹出的选择安装路径对话框中显示软件的默认安装路径，如图 1.5 所示。如果需要安装到其他路径下，单击 Browse 按钮，选择自定义的安装路径即可。一般按照软件的默认安装路径安装即可。单击 Next 按钮进入下一步。

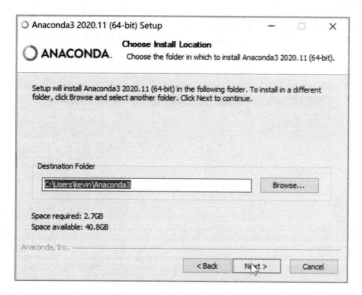

图 1.5　选择安装路径对话框

（6）在弹出的高级安装选项对话框中保持默认选项即可，也可以将两个复选框都选中，如图 1.6 所示。

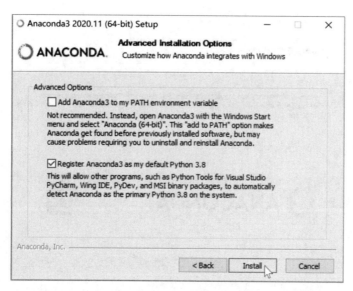

图 1.6　高级安装选项对话框

单击 Install 按钮将显示软件的安装进度，如图 1.7 所示。当 Next 按钮可用时，表明安装完成，单击 Next 按钮即可。

第 1 篇　基础知识

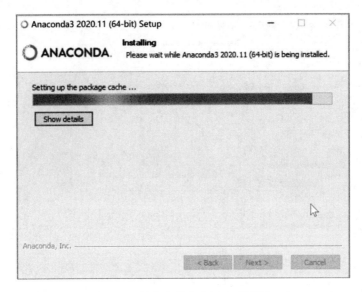

图 1.7　软件安装进度显示对话框

（7）在弹出的对话框中单击 Next 按钮，如图 1.8 所示（本书不采用 PyCharm 作为代码开发工具）。

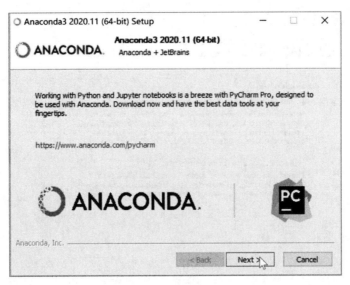

图 1.8　PyCharm 广告对话框

（8）这是安装过程的最后一个对话框，如果读者看到这个对话框，恭喜你，Anaconda 的安装已经成功了！直接单击 Finish 按钮完成安装，如图 1.9 所示。

第 1 章　Python 编程轻松起步

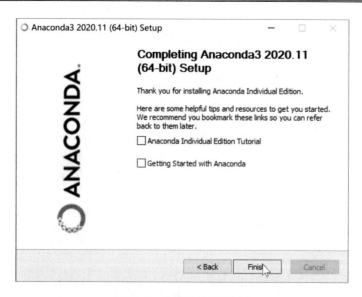

图 1.9　安装成功的提示

接下来，我们来看 Anaconda 长什么样子，以及本书用到的部分功能。

在"开始"菜单中找到刚刚安装好的 Anaconda，如图 1.10 所示。选择其中的 Anaconda Navigator（Anaconda3）选项，打开 Anaconda3 程序。

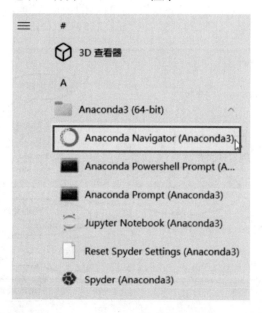

图 1.10　Windows 系统"开始"菜单中的 Anaconda

启动软件之后，首先展示的是软件的首页，如图 1.11 所示。这里笔者只截取了首页的一部分。

第 1 篇　基础知识

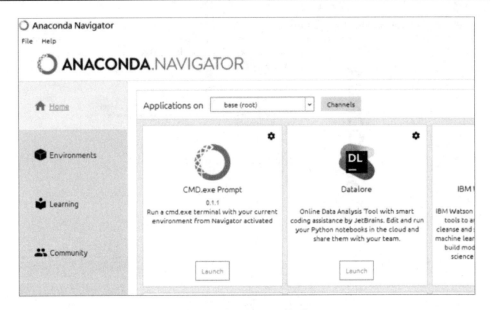

图 1.11　Anaconda 首页

本书并不关心 Home 页面上的功能，我们要使用的功能都集中在 Environments（环境）选项卡中。单击左侧中的 Environments，打开环境选项卡窗口，如图 1.12 所示。

本书要使用的一些功能在图 1.12 中进行了简单的说明。读者可以试一试每个按钮或输入框的作用。

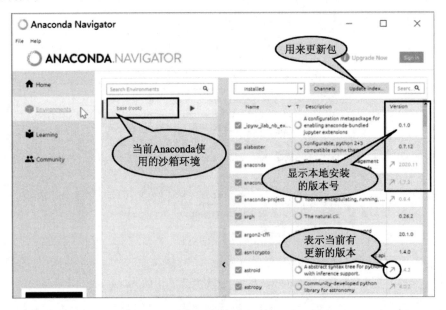

图 1.12　环境选项卡窗口

介绍完 Anaconda 的安装和相应的功能之后，接下来安装代码编写神器——Visual Studio Code（简称 VS Code），它是微软开发的一款开源、免费和跨平台的现代源码编辑器，是现在最流行的开发工具之一。本书的代码都是在 VS Code 中完成的。

VS Code 的安装过程相比 Anaconda 要简单得多，从官网上下载安装包，然后按照软件的默认设置进行安装即可，并且安装界面是中文显示，在安装过程中也不需要进行其他设置和操作。因此，具体的安装过程本书就不进行详细的讲解了，相信读者自己能非常顺利地完成 VS Code 的安装。成功安装好 VS Code 之后，启动软件后会显示如图 1.13 所示的窗口。

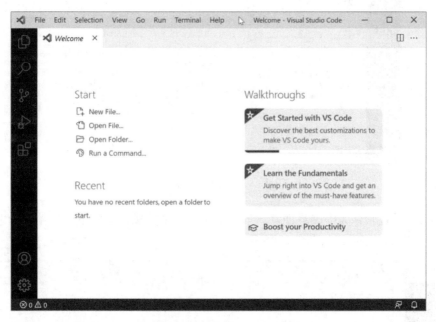

图 1.13　VS Code 欢迎窗口

☎提示：VS Code 官网地址是 https://code.visualstudio.com/。

1.1.2　配置高效的 VS Code

现在，有了 VS Code 这个神器，它会让我们的工作效率更高，这样才能在"战场"上所向披靡。VS Code 对各种编程语言的支持都采用扩展的方式。对于 Python 语言，只要安装其相应的扩展即可。

先认识一下扩展管理功能入口。单击如图 1.14 所示的扩展按钮即可显示插件管理（Extensions）界面，快捷键是 Ctrl+Shift+X。

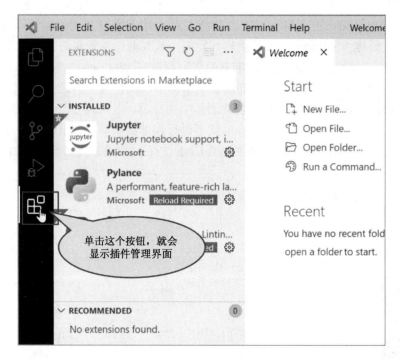

图 1.14　插件管理界面

配置 1：设置软件为中文界面。一般情况下，在中文操作系统下，软件启动之后会弹出安装中文扩展的提示，如图 1.15 所示。

图 1.15　安装中文语言包提示

如果软件没有弹出提示,也可以在扩展管理界面中自己进行安装。在搜索框中输入Chinese,第一个搜索结果就是我们要的扩展,如图1.16所示。

图1.16 中文语言扩展搜索结果

安装成功之后,重启软件就能看到熟悉的中文了,如图1.17所示。

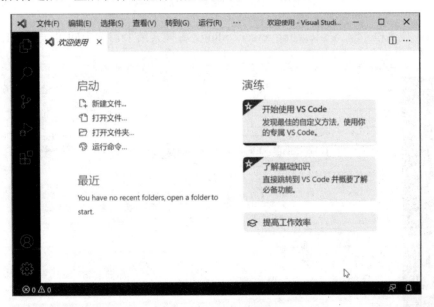

图1.17 中文版本界面

配置2:处理中文可能会出现的乱码问题。在使用别人的代码时,中文注释等可能会显示为一堆乱码。在VS Code中解决这个问题也是非常简单的。首先,单击软件左下角的管理按钮,在弹出的菜单中选择"设置"选项,如图1.18所示。

图 1.18　单击管理按钮弹出的菜单列表

然后在搜索框中输入 file.autoguessencoding，将搜索结果勾选上即可，如图 1.19 所示。

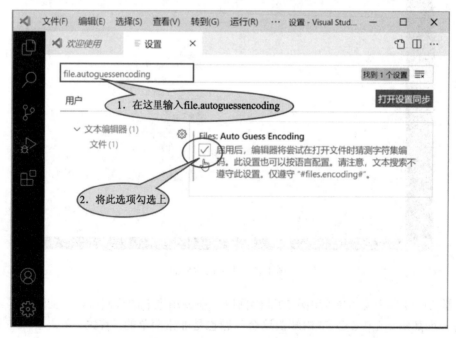

图 1.19　Auto Guess Encoding 设置

配置 3：安装 Python 支持的扩展。同样单击扩展按钮，然后输入 Python，在结果中选择安装第一项即可，如图 1.20 所示。

图 1.20　安装 Python 扩展

配置 4：VS Code 代码显示空格等空白符。同配置 2 一样打开设置面板，在搜索框中输入 whitespace，然后找到 Render Whitespace，在下拉列表框中选择 all 即可，如图 1.21 所示。

图 1.21　设置显示空白符

显示空白符有利于 Python 代码对齐，如图 1.22 所示。

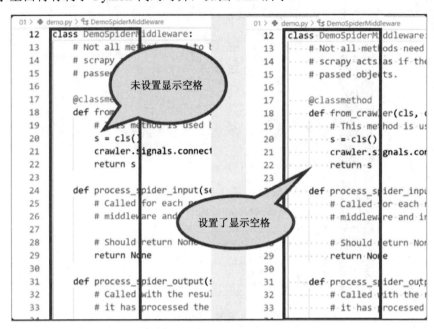

图 1.22　空白符显示效果前后对比

在 VS Code 中，默认一个 Tab 键表示 4 个空白符。在编写代码之前一定要统一一个 Tab 键代表几个空白符。

1.2　编写第一个 Python 程序

本节将在 VS Code 中编写第一个 Python 程序，让读者可以快速进入 Python 程序开发。

1.2.1　编写 Python 源代码

在编写项目时，代码一般都是有组织地存放在各种分好类的目录文件夹下，以方便对项目代码的管理。本书的实例代码都会放在 python_code 根目录下，然后再以每章的编号进行二级文件夹的命名，如第 1 章的代码会放在 python/01 目录文件夹下。在 01 文件夹下创建一个名为 helloworld.py 的 Python 文件，并在文件中编写如下代码：

```
if __name__ == '__main__':
    print('Hello World, 你好！')
```

☎提示：有的读者可能学过 Python 或者看过其他 Python 类书籍，会对 if __name__ == '__main__':这段代码有疑问，读者暂时只要记住将被执行的语句或者函数写在这个 if 语句后即可，后面笔者会解释原因。

1.2.2 运行 Python 程序

直接在 VS Code 中运行代码。这种方式简单且方便，推荐使用。如图 1.23 所示，直接单击▷按钮即可执行代码。

图 1.23 在 VS Code 中执行 Python 代码

⚠注意：在 Windows 系统下，单击"小三角"按钮后会报"此时不应有&。"的错误。处理方法：将终端改成 PowerShell，按如图 1.24 和图 1.25 所示的步骤操作。

第 1 篇　基础知识

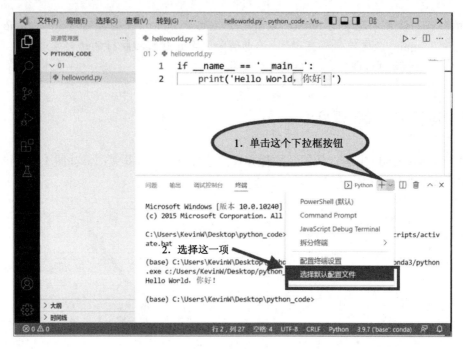

图 1.24　修改默认配置

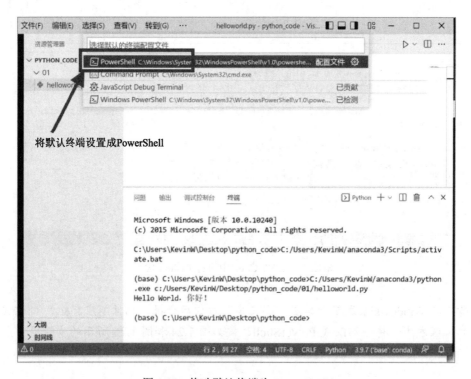

图 1.25　修改默认终端为 PowerShell

到这里，我们就已经知道如何在 VS Code 中编写和执行 Python 程序了。在实际开发过程中基本也是这样的操作步骤。当然，在实际使用中会复杂一些，但对于刚接触 Python 的读者来说，已经可以做一些简单的项目开发了。先在比较简单的操作中"跑通"，让自己更有信心继续后面的学习，而不是直接进行各种工具配置和操作的学习。

1.3 小　　结

本章介绍了 Python 开发环境的搭建过程并创建了一个简单的 Hello World 程序，让读者了解一下在 VS Code 中进行 Python 开发的大致过程。本章介绍的内容虽然比较简单，但对于一个初学者来说是非常重要的。很多人想学习 Python 语言，但往往被困在搭建和配置开发环境的环节。按照本章的步骤，读者可以快速地搭建和配置出一套可用的开发环境。

第 2 章　Python 语言基础

任何一种编程语言都有各种语法，Python 也不例外。但在实际工作中，并不是所有语法都经常会被使用。本章在介绍基本语法时，并不会罗列不常用的知识点，而是结合实际开发需求，快速地引导读者入门 Python。

本章的主要内容如下：
- Python 语法特点。
- Python 的基本数据类型。
- Python 的运算符。
- Python 的基本逻辑控制语句及循环语句。

2.1　Python 语法特点

本节介绍 Python 的标识符、代码缩进和代码注释。掌握本节内容，对于今后写出规范的代码是很重要的。

2.1.1　Python 的标识符

标识符是用于标识某个实体的符号，就像每个人都有自己的姓名一样。标识符主要用于给变量、常量、函数、类和模块等命名。

在 Python 中，标识符有如下特定规则：
- 标识符由字母、数字和下画线组成，但不能以数字开头。例如，可将变量命名为 book_1，但不能命名为 1_book。
- 区分大小写。例如，变量 book 与 BOOK 代表两个不同的变量。
- 不能使用 Python 中的保留字，如 if、or 和 while 等。
- 尽量避免使用以双下画线开头和结尾的名称，其在 Python 中有特殊含义。例如，__init__()是类的构造函数，它会在类被实例化时自动调用。

保留字（或叫关键字）是指在 Python 语言中其含义已经被定义，我们不能再将这些字作为变量名来使用。保留字也是区分大小写的。读者不需要一下子将这些保留字全部记住，建议采取平时多看的方式进行记忆。掌握保留字的使用是学习一门语言的基础。

Python 的保留字有 and、as、assert、break、class、continue、def、del、elif、else、except、exec、finally、for、from、global、if、import、in、is、lambda、nonlocal、not、or、pass、print、raise、return、try、while、with、yield、False、True 和 None。

> **提示**：虽然在 Python 中可以使用如 CLASS 或 Class 来对变量进行命名，但不建议这样做，因为这样很容易与保留字 class 造成混乱。

2.1.2　Python 的代码缩进

Python 的代码格式相对来说是较为严格的，它通过缩进来控制代码块，而不是像其他大部分编程语言采用{}的方式。这是 Python 语言的特色，但对于一些开发人员来说，这可能也是一个不太友好的地方。

在第 1 章中，我们对 VS Code 进行了显示空白符的设置，这样在编写代码时可以非常方便地看到各代码块的缩进情况。

> **提示**：在 Python 中，同一个代码块的语句，必须设置为相同的缩进空格数。

例如在下面的代码中，if 和 else 缩进 0 空格。两条 print 语句都进行了 4 个空格的缩进。

```
if a > b:
….print("a 大于 b")
else:
….print("a 小于或等于 b")
```

> **提示**：增加缩进表示进入下一个代码层，减少缩进表示返回上一个代码层。

```
a = 1
if == 2:
…print(a)           #增加了缩进，表示进入下一个逻辑层，即 if 条件为真时执行的逻辑层
a += 1              #减少了一个缩进，表示返回上一个代码层
```

在 Python 中，如果一条语句过长，可以对该语句进行切分处理，使用反斜杠（\）将其切分成多行语句。示例如下：

```
#将语句切分成多行
a = 10 + \
    20 + \
    30
print(a)

#单行语句
b = 10 + 20 + 30
```

```
print(b)
```

在上述代码中,多行语句和单行语句的执行结果是相同的。

> 注意:在 Python 中,每条语句的结尾不需要添加";"表示结束。

2.1.3　Python 的注释

在实际开发过程中有这样一句话:代码不是写给机器读的,而是写给人读的。对于一个程序或者一段代码来说,注释和文档是必不可少的部分。开发人员通过阅读注释可以快速地了解这段代码或者函数的作用。

Python 有单行注释和多行注释,注释是不会被执行的。单行注释使用"#"字符作为注释行的开始,即遇到"#"就将其后面的内容作为注释。多行注释可以用一对"'''"或者一对'''"""'''。下面为一些注释的示例:

```
#我是单行注释

result = 1 + 2            #我也是注释,一般用来说明前面表达式的意思

'''
我是多行注释的内容
我是多行注释的内容
'''

"""
我也是多行注释的内容
我也是多行注释的内容
"""
```

2.1.4　Python 的变量

变量可以将程序中的每一个数据都赋值一个简短且好记的名字,然后通过变量名来访问它们。

```
message = "Hello Openpyxl !"
print(message)
```

上面添加了一个 message 变量,它的值为 Hello Openpyxl!字符串。

在 Python 程序中,可以随时修改变量的值,包括变量的数据类型。

```
result = 1              #此时变量 result 的值为 1
result = 100            #此时变量 result 的值变为 100
result = "ABC"          #此时变量 result 从数值类型变成字符串类型,值为 ABC
```

在变量命名时，除了需要遵守标识符的命名规则之外，还应该注意以下两点：
- 变量名不能包含空格，如果想通过多个单词来命名一个变量，可以通过下画线来连接它们。例如，变量名 my_name。
- 慎用小写字母 l 和大写字母 O，因为它们很容易与数字 1 和 0 分不清楚，从而带来不必要的麻烦。

在实际开发中，变量名尽量使用小写字母，如果该变量包含多个单词，可以用下画线连接。如果要表示常量，则采用全大写字母来表示，如果该常量有多个单词，也用下画线来连接。

>注意：对变量名的命名要求并非强制。但遵循大家已经习惯的命名要求，会让代码看起来更加有"Python味"。

2.2 Python 的基本数据类型

本节介绍字符串、数、布尔、列表、元组、字典和集合几种基本的数据类型。理解和掌握基本的数据类型对于学习任何一门编程语言都是非常重要的。

2.2.1 字符串

在 Python 中，使用引号括起来的都是字符串（String），引号可以是单引号，也可以是双引号。例如下面的代码：

```
text = '我是一行字符串'                    #使用单引号
text2="我也是一行字符串"                   #使用双引号
```

>注意：如果字符串需要包含引号，可以使用单引号和双引号互相嵌套，无须进行字符转义操作。

```
message = "I'm Jack."                                      #字符串有单引号，因此用双引号括起
message = '他说:"我是一名初学者，请多多关照！"'    #字符串有双引号，因此用单引号括起
```

有时需要在字符串中使用变量的值。例如，在数据中使用两个变量分别表示姓和名，需要合并这两个值来显示姓名（full_name.py）：

```
if __name__ == '__main__':
    first_name = '三丰'
    last_name = '张'
    # 使用 f 字符串格式将两个字符串连接成新的字符串
    full_name = f"{last_name}{first_name}"
    print(full_name)                                       # 输出 张三丰
```

下面来看一些字符串常用的函数（string_functions_demo.py）：

```python
text = 'hello openpyxl'

# text()函数：将字符串中每个单词的首字母修改为大写
print(text.title())                    #输出：Hello Openpyxl

# capitalize()函数：将字符串的第一个字母转换为大写字母
print(text.capitalize())               #输出：Hello openpyxl

#split()函数用来分割字符串，默认以空格进行分割，得到一个分割之后的字符串列表
print(text.split())                    #输出：['hello', 'openpyxl']

#也可以指定分隔符来截取字符串，例如以"e"来截取字符串
print(text.split('e'))                 #输出：['h', 'llo op', 'npyxl']

#center()函数：返回指定长度的同时将text居中并指定填充字符的一个字符串
#下面返回的是一个长度为30、填充字符为"-"、text居中的字符串
print(text.center(30, '-'))            #输出： --------hello openpyxl--------

text = 'Hello Openpyxl'
# upper()函数：将字符串中的所有字母修改为大写
print(text.upper())                    #输出：HELLO OPENPYXL

# lower()函数：将字符串中的所有字母修改为小写
print(text.lower())                    #输出：hello openpyxl

text = '  hello openpyxl  '            #text 变量值的左右两边都有两个空格

# rstrip()函数：删除字符串右侧的空格
print(text.rstrip())                   #输出："  hello openpyxl"

# lstrip()函数：删除字符串左侧的空格
print(text.lstrip())                   #输出："hello openpyxl  "

# strip()函数：删除字符串两端的空格
print(text.strip())                    #输出："hello openpyxl"
```

上面只列举了操作字符串的一部分函数。读者可以自行查阅相关书籍或资料了解其他函数。

下面介绍一种"万事不求人"的方法，主要使用 Python 内置两个的函数：dir()函数和 help()函数。假设要查看上面代码块中的 text 字符串变量有哪些可操作的函数，步骤如下：

（1）在需要查看的地方加上如下代码，它会返回 text 的函数列表。

```
#在需要查看的地方添加
print(dir(text))
        #输出: ['__add__', '__class__', '__contains__', '__delattr__',
'__dir__', '__doc__', '__eq__', '__format__', '__ge__',
'__getattribute__', '__getitem__', '__getnewargs__', '__gt__',
'__hash__', '__init__', '__init_subclass__', '__iter__', '__le__',
'__len__', '__lt__', '__mod__', '__mul__', '__ne__', '__new__',
'__reduce__', '__reduce_ex__', '__repr__', '__rmod__', '__rmul__',
'__setattr__', '__sizeof__', '__str__', '__subclasshook__',
'capitalize', 'casefold', 'center', 'count', 'encode', 'endswith',
'expandtabs', 'find', 'format', 'format_map', 'index', 'isalnum',
'isalpha', 'isascii', 'isdecimal', 'isdigit', 'isidentifier',
'islower', 'isnumeric', 'isprintable', 'isspace', 'istitle',
'isupper', 'join', 'ljust', 'lower', 'lstrip', 'maketrans',
'partition', 'removeprefix', 'removesuffix', 'replace', 'rfind',
'rindex', 'rjust', 'rpartition', 'rsplit', 'rstrip', 'split',
'splitlines', 'startswith', 'strip', 'swapcase', 'title',
'translate', 'upper', 'zfill']
```

在返回的结果列表中，暂时不用关注以双下画线开头和结尾的函数，其他没有带双下画线的都是能执行的函数。

（2）选择一个需要了解的函数，如要了解 center() 函数的使用方法。

```
#使用help()函数查看一个方法的说明文档
help(text.center)                #执行此语句之后，在控制台上会出现一个可交互的页面
```

查看完之后，按 Q 键即可退出交互模式，如图 2.1 所示。

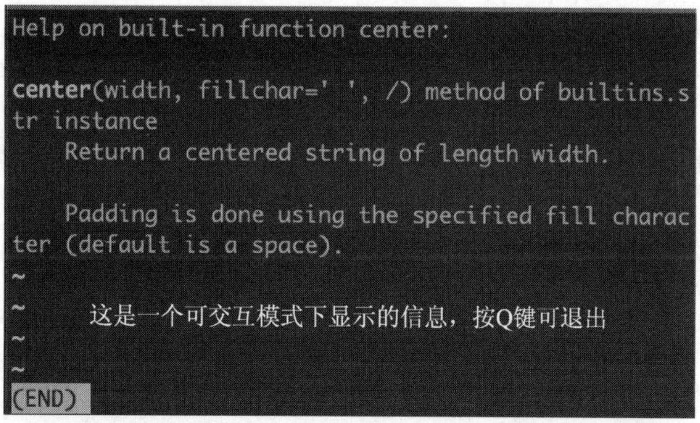

图 2.1　使用 help() 函数显示字符串的 center() 函数文档

注意：dir() 和 help() 函数在查看一些函数和类等文档时是非常有用的，每位 Python 开发人员都应该掌握使用它们去查阅资料的方法。

2.2.2 数

Python 的数（Number）可分为 3 种：整数类型（int）、浮点数类型（float）和复数类型（complex）。数的操作在 Python 中相对来说是比较容易和直观的。下面来看数的一些常用用法（number_demo.py）。

```python
# 定义一个函数
def number_demo():
    age = 38                #整数类型
    price = 52.8            #浮点数类型
    cpx = 5 + 3j            #复数类型

    a = 10 + int('20')      #int(x) 将字符串 20 转换成整数
    b = int(10.5)           #int(x) 将浮点数转换成整数
    c = float(102)          #float(x) 将整数转换成浮点数
    d = complex(5)          #complex(x) 将 x 转换成一个复数，实部为 x，虚部为 0
    e = complex(10, 5)      #complex(x,y) 将 x 和 y 转换成一个复数，实部为 x，虚部为 y
    print(a,b,c,d,e)        # 输出：30 10 102.0 (5+0j) (10+5j)

if __name__ == '__main__':
    #执行函数
    number_demo()
```

> **注意**：在进行数据类型的转换时，要注意数据是否可以转换成另一种数据类型，如果不能转换，则会报 ValueError 错。例如，a = int('5d')，由于'5d'没办法转换成整数，因此转换会失败并报错。

对于整数和浮点数，可以在数中添加下画线。下画线不会改变数值的大小，只是为了方便阅读：

```python
#下画线的位置可以根据自己的阅读习惯进行放置
a = 82_643_0_0000
#输出时不会打印下画线
print(a)                    #输出：8264300000
b = 10_000_0000_135.5
print(b)                    #输出：100000000135.5
```

2.2.3 布尔

在 Python 中，布尔（Boolean）值使用常量 True 和 False 表示，注意大小写。比较运算符<、>和==等返回的类型都是布尔类型。

> **注意**：在 Python 中，由于布尔类型是整型的子类，所以 True == 1 和 False == 0 都会返回 True。数字 0、None、空字符串、空列表、空元组、空字典和空集合等都会被判定为 False，其他的会被判定为 True。

2.2.4 列表

列表（List）由一系列按顺序排列的元素组成（有序集合），各元素的数据类型可以是任意数据类型。用方括号[]或者 list()函数来创建列表，并用逗号分隔各个元素。列表的大小是可变的，可向列表中增加、删除和修改元素。下面来看列表的常用操作（list_demo.py）：

```python
def list_demo():
    #颜色列表 colors 用于接下来的代码演示
    colors = ['red', 'green', 'blue']
    print(colors)                #输出：['red', 'green', 'blue']

    #访问列表的第 2 个元素 green
    print(colors[1])             #输出：green

    #获取列表的长度（元素数量）
    print(len(colors))           #输出：3

    #在列表末尾添加元素
    colors.append('black')
    print(colors) #输出：['red', 'green', 'blue', 'black']

    #在列表指定位置插入元素
    colors.insert(2, 'white')    #在列表索引位置为 2 的地方插入 white
    print(colors)         #输出：['red', 'green', 'white', 'blue', 'black']

    #从列表中删除指定位置的元素
    del colors[2]                #删除索引位置为 2 的元素 white
    print(colors)                #输出：['red', 'green', 'blue', 'black']

    #从列表末尾删除（弹出）一个元素，pop()函数会返回删除的元素值
    poped_color = colors.pop()
    print(poped_color)           #输出：black
    print(colors)                #输出：['red', 'green', 'blue']

    #使用 sorted()函数对列表进行排序
    #sorted()函数不会改变原列表元素的顺序，而会产生一个排序后的新列表
    sorted_colors = sorted(colors)
```

```
            print(colors)                   #输出：['red', 'green', 'blue']
            print(sorted_colors)            #输出：['blue', 'green', 'red']

            #使用sort()函数对列表进行永久排序，这会改变原列表元素的顺序
            colors.sort()                   #注意sort()与sorted()函数的调用方式
            print(colors)                   #输出：['blue', 'green', 'red']

            #反转列表元素顺序，永久地改变原列表的元素顺序
            colors.reverse()
            print(colors)                   #输出：['red', 'green', 'blue']

    if __name__ == '__main__':
        #调用函数
        list_demo()
```

> **注意**：Python和大部分的编程语言一样，索引都是从0开始，而不是从1开始，即[0]表示第1个元素，[1]表示第2个元素。

在列表中，经常会用到一个非常重要的操作：切片。简单来理解，切片就是在一个列表中切"两刀"，然后返回"两刀"中间的元素。下面为常用的切片使用方法（**slice_demo.py**）：

```
    def slice_demo():
        colors = ['red', 'green', 'blue', 'white', 'black']

        #获取索引在1-3但不包括索引为3的元素列表
        sliced_colors = colors[1:3]
        print(sliced_colors)                #输出：['green', 'blue']

        #获取索引在0-3但不包括索引为3的元素列表
        #如果开始索引是从第一个元素开始，那么它可以不用写
        sliced_colors = colors[:3]
        print(sliced_colors)                #输出：['red', 'green', 'blue']

        #获取索引从2开始到列表末尾的元素列表
        sliced_colors= colors[2:]
        print(sliced_colors)                #输出：['blue', 'white', 'black']

    #获取全列表元素相当于复制列表。此时开始索引和结束索引都不需要填写
    #使用这种方式复制出来的列表是一个全新的列表，只是它与原列表的数据一样
        sliced_colors = colors[:]
        print(sliced_colors) #输出：['red', 'green', 'blue', 'white', 'black']

        #每隔1个元素就获取1个元素，得到一个列表
        sliced_colors = colors[::2]
```

```
        print(sliced_colors)          #输出：['red', 'blue', 'black']

        #获取倒数第 3 个元素之后的所有元素列表
        sliced_colors = colors[-3:]
        print(sliced_colors)          #输出：['blue', 'white', 'black']
if __name__ == '__main__':
    #调用函数
    slice_demo()
```

> 注意：切片返回的数据是包括开始索引位置的元素，但不包括结束索引位置的元素。例如，[1:3]表示返回的数据从索引位置 1 开始（包括索引 1 位置的元素）到索引位置 3 结束（不包括索引 3 位置的元素）之间的元素列表。

2.2.5 元组

元组（Tuple）与列表非常相似，唯一的不同点是元组不可变，列表是可变的。使用圆括号( )或者 tuple()函数来创建元组。一旦创建好了一个元组，就不能对其元素进行增、删和改（包括对原元组排序）操作，其他的操作都与列表一样，这里不再赘述。

元组非常适合用来存储一组值在整个程序生命周期过程中都不会发生变化的数据，如 1 年的 12 个月份等。

> 注意：如果在元组中只有一个元素，则必须在这个元素的后面加上逗号，如 t = (10,)

2.2.6 字典

字典（Dictionary）是一种可变容器的数据类型，它可以存储任意数据类型的数据。使用大括号{}或者 dict()函数来创建字典。字典中的每个元素采用键值对（key: value）的方式来表示，各元素之间使用逗号（,）分开。

在一个字典中，键（key）必须是唯一的，且是不可变的，如字符串和数字等。值可以为任意数据类型。下面列举一些常用的字典操作（dict_demo.py）：

```
def dict_demo():
    #创建空字典
    empty_dict = {}

    #创建一个字典
    jack = {'name': 'Jack', 'age': 25, 'gender': '男'}
    print(jack)              #输出：{'name': 'Jack', 'age': 25, 'gender': '男'}
```

```python
        #查看字典键值对的数量
        print(len(jack))           #输出：3

        #获取指定 key 的值
        print(jack['name'])        #输出：Jack

        #更新指定 key 的值
        jack['age'] = 30
        print(jack)                #输出：{'name': 'Jack', 'age': 30, 'gender': '男'}

        #向字典中添加新的键值对
        jack['city'] = '北京'
        #输出：{'name': 'Jack', 'age': 30, 'gender': '男', 'city': '北京'}
        print(jack)

        #删除指定 key 的键值对
        del jack['city']
        print(jack)                #输出：{'name': 'Jack', 'age': 30, 'gender': '男'}

        #获取字典的所有键名集合
        print(jack.keys())         # 输出：dict_keys(['name', 'age', 'gender'])
        #获取字典的所有值的集合
        print(jack.values())       # 输出：dict_values(['Jack', 30, '男'])
        #以列表形式返回一个键值的视图对象
        #输出：dict_items([('name', 'Jack'), ('age', 30), ('gender', '男')])
        print(jack.items())

        #判断一个键是否在字典中
        print('name' in jack)      # 输出：True
        print('city' in jack)      # 输出：False

if __name__ == '__main__':
    #调用函数
    dict_demo()
```

> 注意：在使用字典类型时，一定要保证键的值是不可变类型，并且要保证键是唯一的。

2.2.7 集合

集合（Set）是一个无序且不重复的序列。可以使用大括号{ }或者 set()函数来创建集合。集合是一个可变容器，它的特点是简单、高效和速度快。

> **注意**：创建一个空集合必须使用 set()函数而不是{ }，因为{ }用来创建一个空字典。

下面列举一些常用的集合操作（set_demo.py）：

```python
def set_demo():
    #创建一个集合,虽然在创建时有重复的值,但是set()会进行去重处理
    colors = {'red', 'green', 'red', 'blue', 'white', 'green'}
    print(colors)           # 输出：{'green', 'red', 'white', 'blue'}

    #根据一个字符串创建集合,同样会进行去重处理
    a = set('abcdefgg')
    print(a)                # 输出：{'c', 'd', 'f', 'g', 'b', 'a', 'e'}

    #添加元素
    colors.add('black')
    print(colors)           # {'red', 'black', 'green', 'blue', 'white'}
    #同样可以进行元素的添加,元素可以是列表、元组和字典等
    colors.update(['pink', 'orange'])
    #输出：{'pink', 'green', 'black', 'blue', 'white', 'orange', 'red'}
    print(colors)

    #删除指定的元素
    colors.remove('pink')
    print(colors) #输出：{'green', 'black', 'red', 'orange', 'blue', 'white'}
    #discard()函数同样可以删除指定的元素,如果元素不存在也不会发生错误
    colors.discard('pinks')
    print(colors)#输出：{'green', 'black', 'red', 'orange', 'blue', 'white'}

    #随机从集合中删除一个元素
    tmp_color = colors.pop()
    print(tmp_color)        #输出：red
    print(colors) #输出：{'green', 'blue', 'orange', 'white', 'black'}

    set1 = {10, 20, 30, 50, 55}
    set2 = {5, 10, 50, 70, 100}

    #获取两个集合的交集&
    new_set = set1 & set2
    print(new_set)          # 输出：{50, 10}

    #获取两个集合的并集|
    new_set = set1 | set2
    print(new_set)          # 输出：{100, 5, 70, 10, 50, 20, 55, 30}
```

```
        #获取差集，元素在前一个集合中，但不在后一个集合中
        new_set = set1 - set2
        print(new_set)          #输出：{20, 30, 55}

        #获取对称差集^，元素在前一个集合或者后一个集合中，但不会同时在两个集合中
        new_set = set1 ^ set2
        print(new_set)          #输出：{100, 5, 70, 20, 55, 30}

if __name__ == '__main__':
    #调用函数
    set_demo()
```

2.3 Python 的运算符

本节主要讲解 Python 的各种运算符，如算术运算符和比较运算符等。运算符也是编程语言非常重要的部分。

2.3.1 算术运算符

算术运算符是最常见的运算符，包括加、减、乘、除，以及取模和幂运算，如表 2.1 所示。

表 2.1 算术运算符

运 算 符	说 明
+	两个数相加
-	两个数相减
*	两个数相乘
/	两个数相除
%	取模运算，取除法的余数
//	取整除，向下取接近商的整数
**	幂运算

下面通过代码演示各种运算符的操作（arithmetic_operators_demo.py）：

```
def arithmetic_operators_demo():
    a = 210
    b = 100

    #加法+：两个数相加 +
```

```python
c = a + b
print('a + b = ', c)              #输出: a + b =  310

#减法-：两个数相减
c = a - b
print('a - b = ', c)              #输出: a - b =  110

#乘法*：两个数相乘
c = a * b
print('a * b = ', c)              #输出: a * b =  21000

#字符串乘以一个数n，会将字符重复n次
print('a' * 10)                   #输出: aaaaaaaaaa

#除法/： a 除以 b
c = a / b
print('a / b = ', c)              #输出: a / b =  2.1

#取模%，返回除法的余数
c = a % b
print('a / b 的余数：', c)        #输出: a / b 的余数： 10

#取整除//，向下取接近商的整数
c = a // b
print(c)                          #输出: 2

a = 3
b = 2
#幂运算
c = a ** b
print(c)                          #输出: 9

if __name__ == '__main__':
    #调用函数
    arithmetic_operators_demo()
```

2.3.2 赋值运算符

赋值运算符的主要功能在于"赋值"，其会将得到的各种计算结果赋值给一个或几个变量，如表2.2所示。

注意：赋值运算符支持链式赋值，如 a = b = c = 5。

表 2.2 赋值运算符

运 算 符	说 明
=	简单赋值运算
+=	加法赋值运算
-=	减法赋值运算
*=	乘法赋值运算
/=	除法赋值运算
%=	取模赋值运算
//=	取整除赋值运算
**=	幂赋值运算

下面通过代码演示各种运算符的操作（assignment_operators_demo.py）：

```python
def assignment_operators_demo():
    a = 55
    b = 22

    # 简单赋值
    c = a + b
    print(c)                    #输出：77

    # 加法赋值运算
    c += a                      # 相当于 c = c + a
    print(c)                    #输出：132

    # 减法赋值运算
    c -= a                      # 相当于 c = c - a
    print(c)                    #输出：77

    # 乘法赋值运算
    c *= b                      #相当于 c = c * b
    print(c)                    #输出：1694

    # 除法赋值运算
    c /= b                      #相当于 c = c / b
    print(c)                    #输出：3.5

    # 取模赋值运算
    a %= b                      #相当于 a = a % b
    print(a)                    #输出：11

    a = 55
```

```
    #取整除赋值运算
    a //= b                         #相当于 a = a // b
    print(a)                        #输出: 2

    # 幂赋值运算
    b **= a                         #相当于 b = b ** a
    print(b)                        #输出: 484

if __name__ == '__main__':
    #调用函数
    assignment_operators_demo()
```

2.3.3 比较运算符

比较运算符一般用来进行逻辑判断,通过对变量之间的数值或内容对比来决定逻辑控制语句的执行,如表 2.3 所示。

表 2.3 比较运算符

运算符	说明
==	等于,数值相等或内容相同
!=	不等于
>	大于
>=	大于或等于
<	小于
<=	小于或等于

下面通过代码演示各种运算符的操作(comparison_operators_demo.py):

```
def comparison_operators_demo():
    a = 100
    b = 98

    if a == b:
        print('a 等于 b')
    else:
        print('a 不等于 b')

    if a != b:
        print('a 不等于 b')
    else:
        print('a 等于 b')
```

```
    if a > b:
        print('a 大于 b')
    else:
        print('a 小于或等于 b')

    if a >= b:
        print('a 大于或等于 b')
    else:
        print('a 小于 b')

    if a < b:
        print('a 小于 b')
    else:
        print('a 大于或等于 b')

    if a <= b:
        print('a 小于或等于 b')
    else:
        print('a 大于 b')

if __name__ == '__main__':
    #调用函数
    comparison_operators_demo()
```

2.3.4 逻辑运算符

逻辑运算符，包括布尔与（and）、布尔或（or）和布尔非（not）3 种，如表 2.4 所示。

表 2.4 逻辑运算符

运算符	逻辑表达式	说明
and	x and y	布尔与，如果x为False，则返回x的值，否则返回y的值，即两者为真即为真
or	x or y	布尔或，如果x为True，则返回x的值，否则返回y的值，即两者中有一个为真即为真
not	not x	布尔非，如果x为True，则返回False；如果x为False，则返回True

💡 **注意**：如果在一个逻辑判断中使用了多个运算符，则建议添加括号来确定各运算符的优先级，如（a and (b or c)）and (not e)。

下面通过代码演示各个运算符的操作（logic_operators_demo.py）：

```
def logic_operators_demo():
    x,y,z = 100,200,0
```

```
    print(x and y)                  #输出: 200
    print(z and y)                  #输出: 0

    print(x or y)                   #输出: 100
    print(z or y)                   #输出: 200

    print(not x)                    #输出: False
    print(not z)                    #输出: True

if __name__ == '__main__':
    #调用函数
    logic_operators_demo()
```

> **注意**：在 Python 中可以同时给多个变量进行赋值。只要变量和值的个数相同，Python 就能正确地将它们关联起来。

2.4 控制语句和循环语句

本节介绍 Python 的逻辑语句。通过使用这些逻辑语句，可以实现对逻辑的循环控制和条件判断，从而实现对业务逻辑的流程控制。逻辑语句也是在所有程序中最常用的语句之一。

2.4.1 if 语句

Python 的条件判断语句 if 主要有两种：if…else 语句和 if…elif…else 语句。

if…else 语句是最常用的判断语句。假设有一个用户登录的函数，简单的业务如下：

```
def login(username, password):
    """
    用户登录业务处理函数
    Parameters:
        username - 用户输入的登录账号
        password - 用户输入的登录密码
    Returns:
        返回一个 dict,用户是否登录成功的信息
        如：{'code': 0, 'msg': '用户名或密码不正确'}
            {'code': 1, 'msg': '登录成功'}
    """

    if (username == 'your_name') and (password == 'your_password'):
```

```
            return {'code': 1, 'msg': '登录成功'}
        else:
            return {'code': 0, 'msg': '用户名或密码不正确'}
```

在多条件的应用场景下，就会用到 if…elif…else 语句。其中，elif 可以根据业务需要出现多个。假设有一个函数用来对考试成绩进行评分：

```
def check_score(score):
    """
    根据考试成绩评分
    Parameters:
        score - 分数成绩
    Returns:
        返回评分：
            小于 60 分，返回"不及格"
            大于或等于 60 但小于 90，返回"及格"
            大于或等于 90，返回"优秀"
    """
    if score < 60:
        return '不及格'
    elif (score >= 60) and (score < 90):
        return '及格'
    else:
        return '优秀'
```

🔔注意：Python 并没有提供 switch…case 语句。

2.4.2 while 语句

在 Python 中，while 语句的一般形式如下：

```
while 判断条件:
    #执行逻辑代码块
```

例如，使用 while 语句计算 1～100 的总和：

```
def calculate_sum(start_num, end_num):
    """
    计算从开始数到结束数的总和
    Parameters:
        start_num - 开始数
        end_num - 结束数
    Returns:
        返回从 start_num 到 end_num 的总和
    """
```

```
    cal_sum = 0                          #用于记录总和
    counter = start_num                  # 用于计步
    while counter <= end_num:
        cal_sum += counter               # 计算每步的和
        counter += 1                     #计步加1
    return cal_sum                       # 返回总和

#调用函数，求1～100 的总和
calculate_sum(1, 100)
```

while 循环可以使用 else 语句。当 while 的判断条件为 False 时，会执行 else 语句块。while…else 的一般形式如下：

```
while 判断条件:
    #执行逻辑代码块
else:
    #执行代码块
```

例如，要循环输出一些数字并判断它们的大小：

```
def check_and_print():
    """
    判断小于或等于 3 的数字并输出
    """
    count = 0
    while count < 3:
        print(f'{count}小于3')
        count += 1
    else:
        print(f'{count}大于或等于3')

#调用函数
check_and_print()
```

> 注意：Python 没有 do…while 循环语句。

2.4.3 for 语句

for 循环是 Python 中最常用的循环语句，它可以遍历任何可迭代的对象。

```
for [变量] in [可迭代对象]:
    执行代码块
```

例如，输出颜色列表中的所有颜色：

```
colors = ['red', 'black', 'green', 'white']
```

```
for color in colors:
    print(color)
```

在 Python 中，很少使用诸如"i<变量;i++;"这种循环结构，一般都是通过 range()函数来达到相同的效果。例如，用 for 循环计算 1~10 的总和：

```
sum = 0
for i in range(1, 11):
    sum += i
print(sum)
```

Python 提供了一个非常棒的"语法糖"——列表推导式。它在 Python 程序开发中被广泛应用，而且它能非常简洁、快速地生成满足特定需求的列表等，其代码也具有非常强的可读性。Python 内部对列表推导式进行了大量的优化，可以保证其很高的运行速度。

列表推导式的一般形式如下：

[表达式 for 变量 in 可迭代的对象 <if 条件语句>]

下面简单列举其用法：

```
#得到 0~10 的每个数的平方数的列表
list = [x*x for x in range(11)]
print(list) #输出：[0, 1, 4, 9, 16, 25, 36, 49, 64, 81, 100]

#获取列表中的偶数列表
list = [1,4,10,33,50,27,100,3,7,53]
even_list = [x for x in list if x % 2 == 0]
print(even_list) #[4, 10, 50, 100]

#提取首字母并大写
words = ['red', 'white', 'black', 'pink']
first_word_list = [w[0].upper() for w in words]
print(first_word_list)            #输出：['R', 'W', 'B', 'P']
```

上面只是列举了几个简单的用法。列表推导式的使用场景非常广泛，合理地使用，会使代码变得易读且易维护。

2.4.4　break 和 continue 语句

在循环语句中，如果其中的业务逻辑碰到一个条件不需要再继续执行循环体时，就需要用 break 语句，跳出当前正在执行的循环体，从而终止循环。简单示例如下：

```
n = 10
while n > 0:
    n -= 1
    if n == 7:
```

```
        break              # 当 n = 7 时直接结束整个循环
        print(n)           #只会输出 9，8
```

注意：当碰到 break 语句时，循环的 else 语句不会被执行，而会直接跳出循环。

当程序只需要结束当前轮的循环而不是跳出循环体时，就需要使用 continue 语句。当在一个循环体内碰到 continue 语句时，程序会跳过当前循环块的剩余语句，继续进入下一轮循环。

```
n = 10
while n > 0:
    n -= 1
    if n == 7:
        continue        #跳过后面的执行语句，进入下一个循环，这里表示不打印 7
    print(n)            #会输出 9，8，6，5，4，3，2，1，0
```

注意：碰到 continue 语句时，如果在循环体中有 else 语句，那么该循环体的 else 语句会被执行，这一点与 break 语句不同。

2.4.5 pass 语句

pass 语句没有实际作用，它是为了保证程序结构的完整性而出现的占位语句。例如：

```
def empty_fun():
    pass                #定义了一个空函数

class EmptyItem:
    pass                #定义了一个空类
```

2.5 小 结

本章介绍了 Python 语法特点、基本数据类型、运算符、控制语句和循环语句。

通过对 Python 的标识符、代码缩进、注释及变量等知识的学习，可以让读者掌握 Python 语言的一些特点，以便在今后的开发过程中写出清晰、可读的高效代码。

数据类型是开发程序中处理数据的基础。熟练掌握基本的数据类型，对于开发程序时正确、合理地处理数据有非常大的帮助。

通过对运算符的学习，可以让读者了解使用哪种运算符来处理业务。

通过对控制语句和循环语句的学习，可以让读者了解代码执行逻辑引发对数据流的思考和判断。

本章内容是学好 Python 编程非常关键的一环，希望读者多加练习。

第 3 章　Python 的函数、模块和类

本章介绍 Python 的函数、模块和类。这三项是进行实际工程项目开发的基础，通过自定义各种类对象，然后在类中调用各种方法或函数来满足业务需求，最后根据实际需要整合成模块，还可以组合成包。

本章的主要内容如下：
- 什么是函数，如何编写一个 Python 函数。
- 什么是模块，如何引入模块。
- 什么是类，如何编写类元素。
- 一些常用模块的使用。

3.1　Python 的函数

在编程过程中，为了提升代码的可读性和可维护性，会把为实现单个功能点而多次调用的代码用函数（在面向对象中叫方法）的形式封装起来，以方便重复调用和维护。

3.1.1　函数的创建和调用

在 Python 中，使用关键字 def 来定义一个函数。函数的一般语法形式如下：

```
def 函数名(<参数列表>):
    "'注释"'
    函数体
```

在定义函数时，需要注意如下几点：
- 形参的数据类型可以不进行说明，解释器会根据调用时传入的实参来推断形参类型。
- 可以不用指定函数的返回值类型，解释器会根据 return 语句的返回值来确定。
- 对于一个没有任何参数的函数，也必须保留一对空的圆括号。
- 函数头部圆括号后面的冒号是必不可少的。
- 函数体相对于 def 关键字必须要保持一定的缩进，一般为 2 个或者 4 个空格。

下面列举几个函数调用的例子（define_function_demo.py）：

```python
def song():
    """
    这是一个无参数的函数，没有指定返回值，默认返回None
    """
    print('我在唱歌……')

def print_name(name):
    """
    这是一个带参数的函数，没有指定返回值，默认返回None
    """
    print("我的名字是： ",name)

def full_name(first_name:str, last_name:str) -> str:
    """
    这是一个带参数的函数，指定了形参的数据类型
    有返回值且指定了返回值的数据类型
    """
    return f'{last_name}{first_name}'

# 函数调用
song()      #输出：我在唱歌……

print_name('张三丰')              #输出：我的名字是张三丰

full_name('三丰', '张')           #返回：张三丰
#多次调用函数
full_name('四', '李')             #返回：李四
```

> 注意：在实际开发中，不要将太多的逻辑代码放在一个函数中，一般函数体的行数最多不要超过一屏显示。

3.1.2 函数的参数

向函数体传递信息主要是通过函数的参数。参数分为形参和实参。形参为定义函数时定义的参数变量；实参为调用函数时，向函数传递的变量值。例如，上面定义的print_name(name)函数，这里的 name 称作形参，而调用 print_name('张三丰')时，传入的'张三丰'称作实参。

向函数传递参数主要有两种方式：位置参数传递和关键字参数传递。

位置参数传递比较简单，表示在调用函数时，传入的每个实数都必须与定义函数时的形参一一对应。下面通过一个展示个人信息功能的函数调用例子进行简单的说明：

```python
def describe_me(name, age):
    '''
    展示个人信息
    '''
    print(f'我叫{name}, 今年{age}岁了')

#调用函数
describe_me('张三丰', 100)
```

调用 describe_me()时，需要提供 name 和 age 两个参数。在上面的实例代码调用中，name 的实参为'张三丰'，age 的实参为 100，传递参数的顺序与函数定义的形参顺序一一对应。这种传递方式即为位置参数传递。

注意：位置参数在传递时，形参与实参的位置必须是一一对应的。

关键字参数传递的每个实参都是由变量名和值组成，也可以使用列表或字典。因为传递的实参是将参数名与值进行了关联，所以传递实参的顺序不一定要与形参的顺序一致。我们还是以上面的 describe_me()调用为例来进行说明：

```python
#关键字参数传递
describe_me(name ='张三', age = 35)
describe_me(age = 35, name = '张三')
```

上面两行调用函数的代码的结果是一样的。它们使用的是关键字实参传递方式。

注意：使用关键字参数传递时，一定要准确指定传递实参所对应的形参名。

声明函数时，可以给形参指定默认值，这种参数称为默认值参数。如果在函数中出现了默认值参数，那么在调用函数时，这个参数的值是不必传的，不传时使用默认值，如果传递了新的实参，则会覆盖默认值。示例如下：

```python
def func1(a, b, c=100):
    print(a, b, c)

#多种调用方式
func1(200, 500)
func1(200, 500, 300)
func1(a=200, b=500)
func1(c=300, b=500,a=200)
```

注意：在定义函数时，如果有默认值参数，则必须先列出没有默认值的形参，再列出有默认值的参数。

有时我们希望一个函数的参数是动态的，参数的个数是可变的。Python 提供了可变长度参数。在参数名前加星号*，可以同时获取多个不定长度的实参，多个实参会被当作一个元组对象。例如我们经常使用的 print() 函数,就是一个典型的含有可变长度参数的函数。下面通过实例代码演示可变长度参数如何使用:

```python
def print_students(class_name, *students):
    '''
    students 是一个可变长度的参数,传入 students 的实参被视为一个元组对象
    '''
    # print(f'我们是{class_name}的学生:',*students)
    print(f'我们是{class_name}的学生:')
    #遍历 students
    for student in students:
        print(student)

print_students('1-8 班','张三','李四','王五')
print_students('1-7 班','张三丰','张大仙')
```

> **注意**:如果一个函数的参数既有普遍参数,又有可变长度参数,则可变长度参数必须放在普遍参数的后面。

3.1.3 函数的返回值

函数的返回值是通过 return 关键字来处理的。在 return 不带参数的情况下(或者没有写 return 语句),默认返回 None。返回值可以是基本的数据类型,也可以是自定义的任意类型。在前面的章节中,我们已经定义了一些带 return 语句的函数,这里就不再赘述了。

3.1.4 匿名函数

当函数体的代码非常简单时,为了简化代码,增加代码的可读性,Python 提供了匿名函数功能。匿名函数通过 lambda 关键字来定义,不需要再使用 def 语句来进行函数的定义,其基本格式如下:

```
lambda [参数1,参数2,…,参数n]: 表达式
```

一起来看几个简单的例子:

```python
# 返回比 x 大 1 的数
a = lambda x: x + 1
#调用 a()函数
b = a(5)
print(b)                        #输出:6

#返回两个数的和
```

```
sum = lambda x, y: x + y
#调用 sum()函数
print(sum(2,3))                          #输出: 5
```

> 注意：lambda 的主体是一个表达式，而不是一个代码块，只能在 lambda 表达式中封装有限的逻辑。

3.2　Python 的模块

Python 的模块就是一个包含变量、函数等内容，后缀为.py 的 Python 代码文件。Python 中的模块分为两种：一种是由 Python 提供的标准库，由 Python 官方进行维护；另一种是由自己或者其他开发人员编写和封装的库。

3.2.1　导入模块

要想使用编写好的模块文件，只需要在源文件中执行 import 语句即可，一般的语法如下：

```
import module1[, module2[,…module]]
```

当解释器遇到 import 语句时，如果模块在当前的搜索路径中就会被导入。搜索路径可以通过 sys 模块的 path 变量来查看。如果想查看当前的搜索路径，可以使用如下代码：

```
import sys
print(sys.path)                          # 读者看到的路径可能不一样
```

sys.path 变量返回的是一个路径列表。其中，第一个是空字符串''，它代表当前目录。只要模块在 sys.path 列表中的任一目录下，都是可以导入成功的。

> 注意：每个系统的 sys.path 是各不相同的，一般是自己定义的模块，尽量放在与当前项目同目录下。

可以对导入的模块起别名，然后就可以使用别名来调用模块中的属性或函数。例如，自定义一个名为 support 的模块，在导入的同时就可以对它起别名：

```
import support as st
st.get_name('John')                      #假设模块中有一个 get_name()函数
```

有时，一个模块里的内容太多，我们只使用其中的一个函数或变量。这时，可以通过 from…import 语句只导入指定部分到当前命名空间中。语法如下：

```
from module import name1[,name2[,… nameN]]
```

还是以上面假设的 support 模块为例:

```
from support import get_name
#此时就不再通过模块名进行调用了,因为函数已经被导入当前的命名空间
get_name('John')
```

注意:当导入的内容与当前代码块的函数名或变量名相同时,要对其进行起别名处理。

from module_name import * 语句会把一个模块中的内容全部导入当前的命名空间,但在项目中尽量少用这种方式,因为在一些情况下,会引发名称冲突的问题。

注意:当在程序中对一个模块进行多次导入时,解释器只会对它导入一次。

3.2.2 __name__属性

当一个模块被另一个程序导入时,其主程序将运行。如果想在模块导入时不执行模块的某些代码块,就可以通过__name__属性来控制该代码块仅在其模块自身运行时被执行。__name__属性在以下这种场景是非常适用的。当我们编写完一个 Python 文件或者模块,将其进行交付时,应该对自己所写的代码进行基本的测试。这些测试代码就可以通过__name__属性来处理。应该将测试的代码放在以下代码块中:

```
if __name__ == '__main__':
    #将测试代码放在这里
```

在前面的章节中读者可以看到,在很多的实例中,都会有 if __name__ =='__main__': 语句,它就是用来处理测试代码的。

```
if __name__ == '__main__':
    print('程序文件自身在运行')
else:
    print('来自另一个模块,即被当作模块被引入')
```

注意:每个模块(或者说每个 Python 文件)都有一个__name__属性,当它的值是'__main__'时,表示该模块自身在运行,否则就是被引入。

3.2.3 包

包(Package)就是放在一个文件夹里的模块集合。文件夹的名字就是这个包的名称,并且在这个文件夹的根目录下必须要有一个名为__init__.py 的文件(可以是一个空文件)。在 Python 中,只要所在的文件夹下有__init__.py 文件,就表示这是一个包。

包是用来管理 Python 模块命名空间的。例如,一个模块的名称是 A.B,表示一个包 A

中的子模块 B。下面我们来列举一个包的文件结构：

```
sound/          ------------------------------顶层包
    __init__.py --------------------初始化 sound 包
    formats/    ------------------------文件格式转换子包
        __init__.py
        wavread.py
        wavwrite.py
        aiffread.py
        aiffwrite.py
        auread.py
        auwrite.py
        ...
    effects/    ------------------------声音效果子包
        __init__.py
        echo.py
        surround.py
        reverse.py
        ...
    filters/    ----------------------------filters 子包
        __init__.py
        equalizer.py
        vocoder.py
        karaoke.py
        ...
```

在上面的例子中，有一个顶级包 sound，它包含 3 个子包，分别是 formats、effects 和 filters。根据这个包的结构，假设在 effects/echo.py 文件中有一个 echofilter()函数，可以通过下面几种方式对它进行导入：

```
#第1种方式：
import sound.effects.echo
#调用 echofilter()函数，  必须使用全名去访问
sound.effects.echo.echofilter()

#第2种方式：
from sound.effects import echo
#调用 echofilter()函数
echo.echofilter()

#第3种方式：
from sound.effects.echo import echofilter
#调用 echofilter()函数
echofilter()
```

> 注意：导入的子包、模块或者函数都可以起别名，如 import sound.effects.echo as echo。

3.3 Python 的类

面向对象编程（Object Oriented Programming，OOP）是一种非常有效的编程方法。通过面向对象的方式编辑代码，可以提高整个项目工程的开发效率和可维护性。

3.3.1 类的创建和使用

要创建一个 Python 类，需要使用 class 关键字，类的一般语法如下：

```
class 类名:
    类代码块
```

类一般包含两个成员：属性和方法。属性和方法在代码块中的前后顺序没有任何影响。下面为一个表示猫的类（cat.py）：

```python
class Cat:
    '''
    这个是一个描述猫的类
    '''
    def __init__(self, name, age):
        '''
        初始化方法，初始化属性 name 和 age
        '''
        self.name = name
        self.age = age

    def sit(self):
        '''
        猫坐下的方法
        '''
        print(f'{self.name}真乖，好好坐着')

    def birth_day(self):
        '''
        猫过生日的方法
        '''
        print(f'{self.name}，今天{self.name}岁啦！')

    def roll_over(self, roll_count):
```

```
        '''
        猫打滚的方法

        Parameters:
            roll_count - 打几个滚
        '''
        print(f'{self.name}，打{roll_count}个滚来看看！')

if __name__ == '__main__':
    #创建一个猫的实例对象
    cat1 = Cat('小花', 5)
    #调用实例对象 cat1 的方法
    cat1.birth_day()
    cat1.roll_over(2)

    #再创建一个猫的实例对象
cat2 = Cat('棉花糖', age)
#访问实例对象 cat2 的 name 属性
print(cat2.name)
#调用实例对象 cat2 的方法
cat2.sit()
```

如果一个类不需要任何成员，则该类为一个空类，代码块需要使用 pass 进行占位。

```
class EmptyClass:
    pass
```

> 注意：命名类的名称时，每个单词的首字母应该大写，并且单词与单词之间不需要任何连接符。

3.3.2 类的属性和方法

类的函数也称为方法。类的方法与普通的函数只有一个主要的区别：类的方法必须有一个额外的第一参数，按照惯例，该参数的名称是 self。我们以前面创建的 Cat 类来进行讲解。

> 注意：self 代表的是类的实例，而非类。

Cat 类包含__init__()方法，它是一个特殊的方法（构造方法），在类实例化时会自动调用，并且在实例化 Cat 时，完成对 name 和 age 两个属性进行赋值的初始化工作。Python 为类提供了很多类似于__init__()的专有方法。Cat 类还定义了 sit()、birth_day()和 roll_over() 这 3 个方法。它们的第一个参数都是 self，在方法体中可以使用 self 来指向类的实例对象，从而访问实例对象中的变量，如 self.name 等。

有时，我们定义的一些属性或者方法不希望被类的外部使用或直接访问。此时，我们只需要在属性或者方法的前面加上两个下画线，表示其为私有的属性或方法。例如（woman.py）：

```
class Woman:
    def __init__(self, name, age):
        self.name = name
        #私有属性
        self.__age = age

        #私有方法
    def __show_age(self):
        print(f'我今年{self.__age}岁了，这是一个秘密')

    def dancing(self):
        print('我喜欢跳舞！')

if __name__ == '__main__':
    w = Woman('西施', 35)
    w.dancing()
    print(w.__age)          #报 AttributeError 错，实例不能访问私有属性
    w.__show_age()          #报 AttributeError 错，实例不能访问私有方法
```

注意：Python 的私有属性或方法不是真正意义的私有，可以通过固定方式来访问它们，但不建议如此使用！

```
print(w._Woman__age)        #访问私有属性
w._Woman__show_age()        #访问私有方法
```

3.3.3 类的继承

Python 的类也支持继承。继承是实现代码复用的重要方法之一。子类（派生类）会继承父类（基类）的属性和方法。子类也可以通过覆写父类的方法来满足子类自身的业务需求。下面的实例展示了类的继承（单继承）和覆写父类方法（class_inherit_demo.py）：

```
#基类
class People:
    #定义构造方法
    def __init__(self,name,age,weight):
        self.name = name
        self.age = age
        self.__weight = weight           #私有属性在类外部无法直接访问
```

```
        def speak(self):
            print(f'{self.name}说：我{self.age}岁。')

#继承People
class Student(People):
    grade = ''
    def __init__(self,name,age,weight,grade):
        #调用父类的构造函数
        People.__init__(self,name,age,weight)
        self.grade = grade

    #覆写父类的方法
    def speak(self):
        print(f'{self.name}说我{self.age}岁了,我在读{self.grade}年级')

if __name__ == '__main__':
    s = Student('John',10,60,3)
    #因为子类覆写了父类的方法,所以不会调用父类的speak()方法
    s.speak()                   #输出：John说我10岁了,我在读3年级
```

> 注意：Python 也支持多继承，但由于多继承会降低代码逻辑的可维护性和可读性，在实际开发中一般不建议使用多继承！

3.4 小　　结

本章讲解了 Python 的函数、模块、包和类等概念及其使用方法。通过本章内容的学习，读者应该对 Python 的函数、模块、包和类等知识点有了基本的了解，并能进行项目代码的开发。如果读者需要更深入地对这些知识进行学习，可以查看 Python 的官网文档及相关书籍和资料。

第 2 篇
进阶实操

- 第 4 章　操作 Excel 的利器——Openpyxl
- 第 5 章　使用 Openpyxl 操作行、列和单元格
- 第 6 章　让工作表变得漂亮
- 第 7 章　使用 Openpyxl 轻松制作 Excel 常用图形
- 第 8 章　使用 Openpyxl 制作组合图形
- 第 9 章　Openpyxl 灵魂伴侣——Pandas

第 4 章　操作 Excel 的利器——Openpyxl

无论日常办公还是编程，都很难离开 Excel。Excel 可以记录数据，进行统计分析等，甚至有位日本老爷爷用 Excel 来创作绘画。虽然 Excel 的功能强大，操作也便利，但是在有些场景下还是不太方便，例如将大量数据导入或导出 Excel 或者自动化定期生成报表等。幸运的是，现在有很多 Python 库可以帮助我们用程序来控制 Excel，完成以前需要人工完成的工作，如本章介绍的 Openpyxl 库就是其中的一员。

本章的主要内容如下：
- Openpyxl 的简单介绍。
- 如何利用 Openpyxl 创建 Excel 文件。
- 如何利用 Openpyxl 操作工作表 Sheet，如新增、删除和重命名等。

4.1　为什么选择 Openpyxl

Openpyxl 官网对其定义为：A Python library to read/write Excel 2010 xlsx/xlsm files。翻译过来就是：Openpyxl 是一个读、写 Excel 2010 xlsx 和 xlsm 文件的 Python 库。

4.1.1　Openpyxl 的优缺点

首先来看看 Openpyxl 具体有哪些优点：
- 简单易用，在代码中的操作跟直接使用 Excel 很相似，操作起来非常简单。
- 功能丰富，几乎可以实现 Excel 的所有功能，如设置单元格格式和公式、绘制图表、进行数据筛选和保护批注文件等，其中图表功能是其一大亮点。
- 接口清晰，文档丰富，学习成本相对较低。
- 在进行科学计算和处理大量数据时速度快，结合 Pandas 库几乎是完美的组合。
- 不需要启用 GUI，且能跨平台使用 Openpyxl 创建 Excel 文件并处理数据。

Openpyxl 也不是完美无缺的。接下来看看 Openpyxl 的一些缺点：
- 不支持 xls 格式的文件。

- 对 VBA 的支持不够好。

在今天来看，不支持 xls 格式的文件已经不是什么缺点，因为现在绝大多数的 Excel 文件使用的是 xlsx 格式。

如果读者已经会写 VBA 宏的话，那么可以先使用 Excel 将 VBA 宏写好，再与 Python 结合来处理数据。

因此，以上两个"缺点"对于大部分人来说是可以忽略的。

4.1.2 安装 Openpyxl

在第 1 章中我们介绍了 Anaconda 的安装过程。其实，在安装好 Anaconda 之后，Openpyxl、lxml 和 pillow 都已经被安装上了。

> **注意**：当创建一个大的 Excel 文件时，可以用 lxml；当要将图片通过 Openpyxl 导入 Excel 时，可以使用 pillow。

如果读者没有安装 Anaconda，也可以通过 pip 或 pip3 安装上面的 3 个库。

```
pip install openpyxl lxml pillow
pip3 install openpyxl lxml pillow
```

4.2 使用 Openpyxl 操作工作簿

使用 Openpyxl 来操作 Excel 文件的第一步一般是新建一个 Excel 文件，或者打开一个已有的 Excel 文件。

4.2.1 新建工作簿

使用 Openpyxl 新建一个 Excel 文件极其简单：

```
#导入Workbook，用来创建工作簿
from openpyxl import Workbook

#创建一个Workbook对象，它代表一个Excel文件对象
#其中包括一个名为Sheet的空的工作表
wb = Workbook()

#保存Excel文件，可以根据需要填写文件名及保存的目录路径
wb.save('D:\\新创建一个空的Excel文件.xlsx')
```

> 注意：可以通过 Workbook.sheetnames 属性来查看在当前 Excel 文件中有哪些 Sheet 表，如 wb.sheetnames。

4.2.2 打开已有的工作簿

打开一个已有的 Excel 文件并对它进行操作也是非常简单的：

```
from openpyxl import load_workbook

#使用load_workbook()函数加载已有的Excel文件
wb = load_workbook('workbook.xlsx')

#======================
#对文件进行操作的逻辑代码块
#======================

#保存修改后的文件
wb.save('workbook.xlsx')
```

> 注意：load_workbook()函数还有一些有用的参数，这里只介绍一个参数 read_only，它表示是否为只读模式。如果只想读取一个Excel文件中的数据而不对它进行修改，可以设置 read_only=True。对于超大的 Excel 文件，这样做可以提升效率。

4.3 使用 Openpyxl 轻松操作工作表

对 Excel 的操作，都是在一个个工作表（Sheet）中进行的。接下来介绍对 Sheet 的一些基本操作。

4.3.1 获取活动工作表

打开一个 Excel 文件时会有一个默认的活动工作表（即打开 Excel 文件时显示的那个 Sheet）：

```
from openpyxl import Workbook
#创建一个Workbook（工作簿）对象
wb = Workbook()
#获取活动工作表对象
ws = wb.active
```

通过指定名称获取一个工作表 Sheet：

```
from openpyxl import Workbook
#创建一个 Workbook(工作簿)对象
wb = Workbook()
#通过名称获取工作表对象，这里获取名为 Sheet 的工作表
ws = wb['Sheet']
```

> 注意：Workbook.get_sheet_by_name() 方法在 3.0+版本中已经被弃用，可以直接通过 wb[工作表名]来获取。

4.3.2 新增工作表

使用 Workbook.create_sheet()方法就可以在 Excel 文件中新增工作表。假设有一个 Excel 文件（sheet_demo.xlsx），已经存在 Sheet、Sheet1 和 Sheet2 这 3 个工作表，如图 4.1 所示。

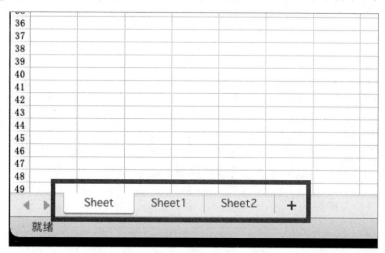

图 4.1 原 Excel 文件的工作表结构

下面通过代码演示如何新增工作表（create_sheet_demo.py）：

```
from openpyxl import load_workbook

def create_sheet_demo():

    #加载已有的 Excel 文件到内存中
    wb = load_workbook('./04/sheet_demo.xlsx')
    #修改前的工作表名称列表
    print(wb.sheetnames)
    #输出：['Sheet', 'Sheet1', 'Sheet2']
```

```python
#向所有文件的Sheet后面中添加一个名为Sheet3的工作表
wb.create_sheet('Sheet3')
print(wb.sheetnames)
#输出：['Sheet', 'Sheet1', 'Sheet2', 'Sheet3']

#在第1个位置上添加一个名为Sheet4的工作表
wb.create_sheet('Sheet4', 0)
print(wb.sheetnames)
#输出：['Sheet4', 'Sheet', 'Sheet1', 'Sheet2', 'Sheet3']

#在倒数第3个位置上添加一个名为Sheet5的工作表
wb.create_sheet('Sheet5', -2)
print(wb.sheetnames)
#输出：['Sheet4', 'Sheet', 'Sheet1', 'Sheet5', 'Sheet2', 'Sheet3']
ws = wb['Sheet5']
ws.title = 'Demo'
print(ws.title)

#保存文件
#注意：加载文件路径与保存文件的路径不一致
wb.save('sheet_demo.xlsx')

if __name__ == '__main__':
    create_sheet_demo()
```

运行上面的代码会得到如图4.2所示结构的Excel文件。

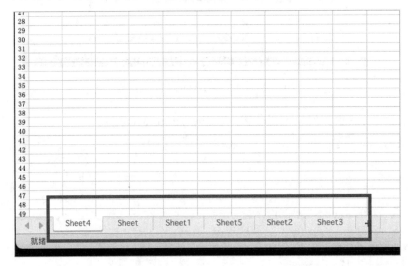

图4.2 修改之后的Excel文件的工作表结构

> **注意**：使用 Workbook.create_sheet(title, index)方法时可以不给出工作表的名称，系统会根据现有的 Sheet 列表给出一个以 "Sheet+数字" 为结构的名称。

4.3.3 重命名工作表

在 Openpyxl 中重命名一个工作表是非常简单的事情。下面还是以前面的 sheet_demo.xlsx 文件为例进行讲解（rename_sheet_demo.py）：

```python
from openpyxl import load_workbook

def renamed_sheet_demo():

    #加载已有的Excel文件到内存中
    wb = load_workbook('./04/sheet_demo.xlsx')
    #修改前的工作表名称列表
    print(wb.sheetnames)
    #输出: ['Sheet', 'Sheet1', 'Sheet2']

    #获取当前活动的工作表
    ws = wb.active
    print(ws.title)                      #输出: Sheet
    #将工作表的名称修改为"当前活动工作表"
    ws.title = '当前活动工作表'
    print(ws.title)                      #输出：当前活动工作表

    #获取名为Sheet2的工作表
    ws2 = wb['Sheet2']
    #将名称修改为"资产负债表"
    ws2.title = '资产负债表'
    print(wb.sheetnames)
    #输出：['当前活动工作表', 'Sheet1', '资产负债表']

    #保存文件
    #注意：加载文件路径与保存文件的路径不一致
    wb.save('renamed_sheet_demo.xlsx')

if __name__ == '__main__':
    renamed_sheet_demo()
```

> **注意**：工作表的名称是通过 Worksheet.title 属性来控制的。

4.3.4 复制工作表

复制工作表是通过 Workbook.copy_worksheet()方法来实现的。下面还是以前面的 sheet_demo.xlsx 文件为例进行讲解（copy_worksheet_demo.py）：

```python
from openpyxl import load_workbook

def copy_sheet_demo():

    #加载已有的Excel文件到内存中
    wb = load_workbook('./04/sheet_demo.xlsx')
    #修改前的工作表名称列表
    print(wb.sheetnames)
    #输出：['Sheet', 'Sheet1', 'Sheet2']

    #获取当前活动的工作表
    ws = wb.active
    #将当前活动的Sheet复制一份
    #复制出来的那份Sheet会添加到所有Sheet之后
    copyed_ws = wb.copy_worksheet(ws)
    #复制的Sheet的名称以被复制的Sheet名称+Copy形式来命名
    print(copyed_ws.title)
    #输出：Sheet Copy
    print(wb.sheetnames)
    #输出：['Sheet', 'Sheet1', 'Sheet2', '复制的工作表']

    #保存文件
    #注意：加载文件路径与保存文件的路径不一致
    wb.save('copy_sheet_demo.xlsx')

if __name__ == '__main__':
    copy_sheet_demo()
```

注意：不能跨 Excel 文件复制工作表；当 Excel 文件以只读或只写的方式打开时，不能被复制；工作表中的图片和图表不能被复制。

4.3.5 删除工作表

删除一个现有的工作表可以选择 Worksheet.remove()方法或者 del 函数进行操作。还是以前面的 sheet_demo.xlsx 文件为例进行讲解（del_worksheet_demo.py）：

```python
from openpyxl import load_workbook

def del_sheet_demo():

    #加载已有的 Excel 文件到内存中
    wb = load_workbook('./04/sheet_demo.xlsx')
    #修改前的工作表名称列表
    print(wb.sheetnames)
    #输出：['Sheet', 'Sheet1', 'Sheet2']

    # 第 1 种，使用 Worksheet.remove()方法删除工作表
    #获取当前活动的工作表
    ws = wb.active
    #删除当前活动工作表
    wb.remove(ws)
    print(wb.sheetnames)
    #输出：['Sheet1', 'Sheet2']

    #第 2 种，使用 del 函数删除工作表
    #删除名称为 Sheet2 的工作表
    del wb['Sheet2']
    print(wb.sheetnames)                    #输出：['Sheet1']

    #保存文件
    #注意：加载文件路径与保存文件的路径不一致
    wb.save('del_sheet_demo.xlsx')
if __name__ == '__main__':
    del_sheet_demo()
```

> 注意：Worksheet.remove()方法的参数是一个 Worksheet 对象，del 函数的参数为工作表名称字符串。

4.4 小 结

本章简单介绍了 Openpyxl 的优缺点及其安装方法，并讲解了工作簿的创建和打开等操作，重点讲解了对工作表的一些常用操作，如新增工作表、获取活动的工作表、重命名工作表、复制工作表及删除工作表。

通过对本章的学习，读者对 Openpyxl 有了基本的认识，可以使用它进行一些简单的操作了。本章介绍的对工作表的操作都是平时使用频率比较高的，希望读者多加练习，达到熟练的程度。

第 5 章 使用 Openpyxl 操作行、列和单元格

在前面的章节中我们学习了使用 Openpyxl 对 Excel 工作簿和工作表的基本操作。本章我们将学习如何对 Excel 的行、列、单元格及数据进行处理。

本章的主要内容如下：
- 对单元格（Cell）的操作，如赋值、批量赋值、合并和拆分等。
- 对行（Row）和列（Column）的操作，如新增、删除、隐藏和合并行等。
- 批量插入数据。
- 冻结窗口。
- 插入图片。

5.1 Openpyxl 的单元格

单元格是在 Excel 中存放数据的最小单元，使用 Openpyxl 可以单独地操作单元格和数据，也可以批量地操作单元格和数据。

5.1.1 定位单元格

在 Excel 文件中，列号以字母表示，A 表示第 1 列，以此类推，行号以数字表示，1 表示第 1 行，以此类推。例如，B3 表示第 2 列第 3 行的单元格，如图 5.1 所示。

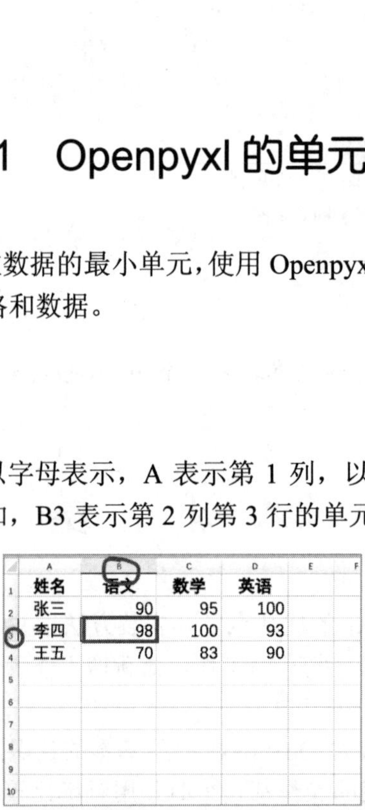

图 5.1 通过列号和行号定位单元格

在 Openpyxl 中，同样可以使用列号和行号来定位单元格，下面通过实例来进行讲解（select_cell_demo.py）：

```python
def select_cell_by_col_row_number():
    '''
    通过列号和行号选择单个单元格
    '''

    #加载 Excel 文件，以只读方式加载
    wb = load_workbook('./05/cell_data_demo.xlsx',read_only=True)
    #获取活动工作表
    ws = wb.active
    #通过列号和行号选择单个单元格
    cell = ws['B3']

    #单元格中的值通过 Cell.value 属性获取
    print(cell.value)

    #如果以只读或只写方式加载 Excel 文件,操作完成后需要调用 close()方法关闭 Excel 文件
    wb.close()
```

注意：选择单元格时，列号（字母）在前，行号（数字）在后。

当然也可以通过 Worksheet.cell(row, column)方法进行定位（select_cell_demo.py）：

```python
def select_cell():
    '''
    通过 Worksheet.cell()方法选择单元格
    '''
    #加载 Excel 文件，以只读方式加载
    wb = load_workbook('./05/cell_data_demo.xlsx', read_only=True)
    #获取活动工作表
    ws = wb.active
    #通过 Worksheet.cell(row, column)方法选择单元格
    cell= ws.cell(3, 2)
    print(cell.value)

    #如果以只读或只写方式加载 Excel 文件,操作完成后需要调用 close()方法关闭 Excel 文件
    wb.close()
```

注意：通过 cell(row, column)方法选择单元格时，row 和 column 参数都是从 1 开始的，1 表示第 1 行或第 1 列，不要与 Python 的索引混淆。

当选择一个矩形范围内的单元格时，通过左上单元格和右下单元格的方式进行选取，与在 Excel 文件中的操作一样（select_cell_demo.py）：

```python
def select_cells():
    '''
    选择一个矩形范围内的单元格
    '''
    #加载 Excel 文件,以只读方式加载
    wb = load_workbook('./05/cell_data_demo.xlsx', read_only=True)
    #获取活动工作表
    ws = wb.active
    #选择 B2:D4,返回的对象是一个二维的元组对象
    selected_cells = ws['B2:D4']
    #遍历所选取的单元格
    for rows_cells in selected_cells:
        for cell in rows_cells:
            print(cell.value)

    #如果以只读或只写方式加载 Excel 文件,操作完成后需要调用 close()方法
    wb.close()
```

> 注意:当选取矩形范围内的单元格时,返回的是一个二维的元组对象,需要通过两层 for 循环进行遍历。

还可以通过 Worksheet.iter_rows()方法进行矩形范围的选取(select_cell_demo.py):

```python
def select_cells_by_iter_rows():
    '''
    通过 iter_rows(min_col, max_col, min_row, max_row)方法选择一个矩形范围内的单元格
    '''
    #加载 Excel 文件,以只读方式加载
    wb = load_workbook('./05/cell_data_demo.xlsx', read_only=True)
    #获取活动工作表
    ws = wb.active
    #选择 B2:D4,即:列从第 2 列到第 4 列,行从第 2 行到第 4 行
    # 返回一个可迭代的生成器
    selected_rows = ws.iter_rows(min_col=2,max_col=4,min_row=2,max_row=4)
    for row in selected_rows:                    #迭代行
        for cell in row:                         #迭代行中的单元格
            print(cell.value, end= ' ')
        print()                                  #输出一个换行符

    #如果以只读或只写方式加载 Excel 文件,则操作完成后需要调用 close()方法关闭 Excel 文件
    wb.close()
```

以行为单位进行遍历输出:

```
90 95 100
98 100 93
70 83 90
```

> 注意:通过 Worksheet.iter_cols()也可以实现矩形范围的选取,只是 iter_cols()方法是以列为迭代对象,iter_rows()是以行为迭代对象。

5.1.2 操作单元格的值

通过 Cell 对象的 value 属性可以获取单元格的值,给单元格赋值或进行修改,同样是对 Cell.value 属性进行操作。例如,要将 05/cell_data_demo.xlsx 文件中王五的语文成绩从 70 改成 85(modify_sheet_demo.py):

```python
def modify_cell_value():
    '''
    王五的语文成绩从 70 改成 85
    '''
    #加载 Excel 文件
    wb = load_workbook('./05/cell_data_demo.xlsx')
    #获取活动工作表
    ws = wb.active
    #通过列号和行号选择单个单元格
    cell = ws['B4']

    #修改单元格的值
    cell.value = 85
    #另存修改后的文件,注意路径与加载的不一样
    wb.save(filename = './cell_data_demo.xlsx')
```

> 注意:批量对单元格进行赋值或者修改操作也是同样的步骤,先获取要进行操作的 Cell 对象,然后对 Cell.value 属性进行赋值或者修改操作即可。

> 提示:在给单元格进行赋值时,可以不写 value。例如,ws['B4'].value = 85,可以写成 ws['B4'] = 85。建议在开发过程中统一格式,笔者的习惯是写 value 属性。

5.1.3 合并和拆分单元格

Worksheet 对象的 merge_cells()方法用来合并单元格,unmerge_cells()方法用来拆分(解除合并)单元格。

```python
from openpyxl import Workbook,load_workbook

def merge_cell_demo():
    '''
    合并单元格
    '''
    # 创建一个工作簿对象
    wb = Workbook()
    # 获取活动工作表对象
    ws = wb.active

    # 第1种合并单元格方式
    # 使用单元格名称方式来选择单元格
    ws.merge_cells('A2:D4')

    # 第2种合并单元格方式
    # 使用行列号对应的数字来选择单元格
    ws.merge_cells(start_row=6, end_row=8, start_column=2, end_column=4)
    #保存文件
    wb.save('./merge_cell.xlsx')

def unmerge_cell_demo():
    '''
    拆分单元格
    '''
    # 加载 Excel 文件,创建一个工作簿对象
    wb = load_workbook('./merge_cell.xlsx')
    # 获取活动工作表对象
    ws = wb.active

    # 第1种拆分(解除合并)单元格方式
    # 使用单元格名称方式来选择单元格
    ws.unmerge_cells('A2:D4')

    # 第2种拆分(解除合并)单元格方式
    # 使用行号和列号对应的数字来选择单元格
    ws.unmerge_cells(start_row=6, end_row=8, start_column=2, end_column=4)
    #另存文件
    wb.save('./unmerge_cell.xlsx')
```

执行 merge_cell_demo()函数会得到如图 5.2 所示的效果。

第 5 章 使用 Openpyxl 操作行、列和单元格

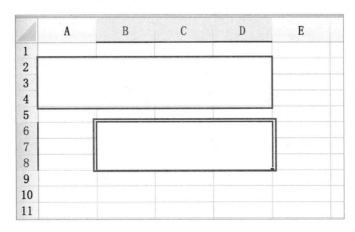

图 5.2 合并单元格

> 注意：当对没有合并单元格的位置调用 unmerge_cells()方法时会报错。如果在合并的单元格中有数据，只会使用左上角单元格的值来作为合并后的"大"单元格的值，其他单元格的数据会被忽略。

5.2　Openpyxl 的行和列

在实际开发中，一般要么插入行数据，要么插入列数据，因此熟练地掌握对行和列的选取、插入及删除等操作非常重要。

5.2.1　指定行和列

对一列或多列以及一行或多行的单元格进行操作（select_cell_demo.py）：

```
def select_one_column():
    '''
    选取一整列的单元格
    '''
    #加载 Excel 文件，以只读方式加载
    wb = load_workbook('./05/cell_data_demo.xlsx')
    #获取活动工作表
    ws = wb.active
    for cell in ws['B']:
        print(cell.value)


def select_many_columns():
```

· 65 ·

```python
    '''
    选取多列的单元格
    '''
    #加载Excel文件，以只读方式加载
    wb = load_workbook('./05/cell_data_demo.xlsx')
    #获取活动工作表
    ws = wb.active
    for col in ws['B:D']:#以列为单位进行遍历
        for cell in col:
            print(cell.value)

def select_one_row():
    '''
    选取一整行的单元格
    '''
    #加载Excel文件，以只读方式加载
    wb = load_workbook('./05/cell_data_demo.xlsx')
    #获取活动工作表
    ws = wb.active
    for cell in ws['2']:
        print(cell.value)

def select_many_rows():
    '''
    选取多行的单元格
    '''
    #加载Excel文件，以只读方式加载
    wb = load_workbook('./05/cell_data_demo.xlsx')
    #获取活动工作表
    ws = wb.active
    for row in ws['2:3']:                    #以行为单位进行遍历
        for cell in row:
            print(cell.value)
```

> **注意**：当选择多行或多列时，会得到一个二维的元组对象，需要进行两次for循环才能得到Cell对象。

Openpyxl还提供了Worksheet.rows和Worksheet.columns两个生成器，它们也可以很方便地对整个工作表进行遍历，实例代码如下（select_cell_demo.py）：

```python
def selec_all_columns():
    '''
    选取所有的列
    '''
```

```python
    #加载 Excel 文件,以只读方式加载
    wb = load_workbook('./05/cell_data_demo.xlsx')
    #获取活动工作表
    ws = wb.active
    #获取所有的列
    all_columns = ws.columns
    for col in all_columns:                    #以列为单位进行遍历
        for cell in col:
            print(cell.value)

def select_all_rows():
    '''
    选取所有的行
    '''
    #加载 Excel 文件,以只读方式加载
    wb = load_workbook('./05/cell_data_demo.xlsx')
    #获取活动工作表
    ws = wb.active
    #获取所有的行
    all_rows= ws.rows
    for row in all_rows:                       #以行为单位进行遍历
        for cell in row:
            print(cell.value)
```

5.2.2 插入空行和空列

有时需要向表格指定的位置处插入空行或空列,可以通过 insert_rows()和 insert_cols()来实现(modify_sheet_demo.py):

```python
def insert_empty_rows_cols():
    '''
    插入空行和空列
    '''
    #加载 Excel 文件
    wb = load_workbook('./05/cell_data_demo.xlsx')
    #获取活动工作表
    ws = wb.active
    #表示在原来第 2 行的位置插入 2 行空行,原来第 2 行及以后的行向下移动 2 行
    ws.insert_rows(2,2)
    #表示在原来第 2 列的位置插入 3 列空列,原来第 2 列及以后的列向右移动 3 列
    ws.insert_cols(2,3)
    #另存修改后的文件,注意路径与加载的不一样
    wb.save(filename = './cell_data_demo.xlsx')
```

🔔 **注意**：如果只插入一个空行或一个空列，则 insert_rows() 和 insert_cols() 方法的第 2 个参数不需要传值。

5.2.3 删除行和列

在 Openpyxl 中删除行和列，与在 Excel 文件中的操作基本一样（modify_sheet_demo.py）：

```python
def delete_rows_cols():
    '''
    删除行和列
    '''
    #加载 Excel 文件
    wb = load_workbook('./05/cell_data_demo.xlsx')
    #获取活动工作表
    ws = wb.active

    #删除张三所在的行
    ws.delete_rows(2)
    #删除数学成绩所在的列
    ws.delete_cols(3)

    #另存修改后的文件，注意路径与加载的不一样
    wb.save(filename = './cell_data_demo.xlsx')
```

🔔 **注意**：删除行之后，其下面的行会自动上升；删除列之后，其右侧的列会自动左移。

5.2.4 隐藏行和列

隐藏行和列主要是为了让一些数据不展示出来，但这些数据可能需要参与某些计算，不能删除（modify_sheet_demo.py）：

```python
def hidden_row(row_number: int):
    '''
    隐藏指定行
    :param row_number - 行号
    '''
    #加载 Excel 文件
    wb = load_workbook('./05/cell_data_demo.xlsx')
    #获取活动工作表
    ws = wb.active
```

```
#隐藏指定行，如果要隐藏连续的多行，可以再提供 end 参数即可
ws.row_dimensions.group(row_number, hidden=True)

#另存修改后的文件，注意路径与加载的不一样
wb.save(filename = './cell_data_demo.xlsx')

if __name__ == '__main__':
    hidden_row(3)                        #隐藏第 3 行
```

执行上面的函数后，Excel 文件的效果如图 5.3 所示。

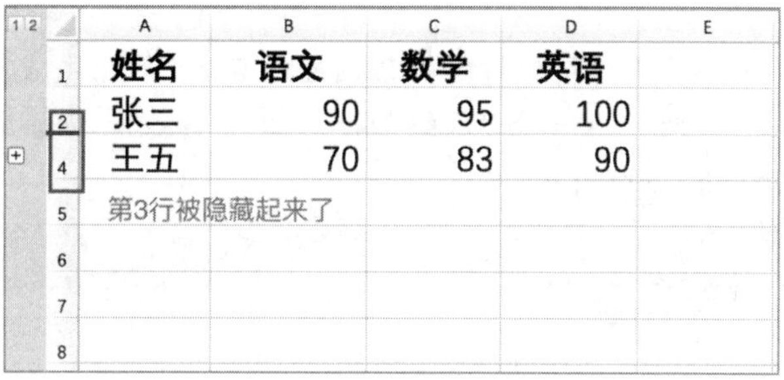

图 5.3　隐藏第 3 行的效果

隐藏列的操作实例如下：

```
def hidden_col(column_number: str):
    '''
    隐藏指定列
    :param column_number - 列号（字母）
    '''
    #加载 Excel 文件
    wb = load_workbook('./05/cell_data_demo.xlsx')
    #获取活动工作表
    ws = wb.active

    #隐藏指定列，如果要隐藏连续的多列，可以再提供 end 参数即可
    ws.column_dimensions.group(column_number, hidden=True)

    #另存修改后的文件，注意路径与加载的不一样
    wb.save(filename = './cell_data_demo.xlsx')

if __name__ == '__main__':
    hidden_col('B')                      #隐藏第 2 列
```

注意：当隐藏行时，行号使用的是数字；当隐藏列时，列号使用的是字母。

5.3 插入数据

通过前面几节的学习,我们已经知道了如何对单个单元格进行赋值,本节将介绍如何进行批量数据的插入。

5.3.1 批量插入行数据

在实际开发中,大部分都是将处理好的数据插入 Excel 从而生成各种报表或图表,以供需求方使用。下面我们通过将一份"成绩数据"插入 Excel,来讲解批量数据的插入操作(batch_insert_row_data_demo.py):

```python
import json
from openpyxl import Workbook

def _load_json_data():
    '''
    私有函数,加载 JSON 格式的成绩数据并返回
    '''
    with open('./05/成绩数据.json','r', encoding='utf-8') as f:
        data = json.load(f)
        return data['data']

def _insert_table_head(ws):
    '''
    私有函数,在 ws 工作表中添加一个"表头"
    :param ws - 要操作的工作表 Sheet 对象
    '''
    # 表头字段列表
    head = ['姓名', '语文', '数学', '英语']
    # 调用 append()方法,在 Sheet 中插入一行
    ws.append(head)

def batch_insert_datas():
    '''
    将成绩数据批量插入 Sheet 中
    '''

    #新建工作簿 Workbook 对象
    wb = Workbook()
```

```
#获取活动工作表 Sheet 对象
ws = wb.active

# 插入表头部分
_insert_table_head(ws)

# 调用加载数据函数,获取数据
score_datas = _load_json_data()
# 循环遍历成绩数据,以行为单位,批量插入 Sheet
for row_data in score_datas:
    ws.append(row_data)

# 保存文件
wb.save('./05/成绩统计表.xlsx')

if __name__ == '__main__':
    batch_insert_datas()
```

在这个实例中定义了两个私有函数_load_json_data()和_insert_table_head(ws),分别用来加载数据和插入表头,然后遍历"成绩数据",通过worksheet.append()方法将数据插入Sheet中。生成的Excel表格如图5.4所示。

	A	B	C	D	E
1	姓名	语文	数学	英语	
2	吴秀英	95	100	98	
3	谭军	84	90	82	
4	林敏	99	100	100	
5	姜桂英	89	90	82	
6	郑秀英	81	65	75	
7	袁秀兰	98	78	89	
8					
9					
10					

图 5.4 生成的"成绩统计表"

> 注意:这里在定义函数时以一个下画线开头,提示它是一个私有函数,在外部不应该调用这个函数。但仅限一种"提示",因为在Python中并没有真正意义的私有。

5.3.2 批量插入列数据

假设需要在前面生成的"成绩统计表.xlsx"文件中再添加3列数据:化学分数、总分和平均分。下面通过添加这 3 列来讲解如何批量插入列数据，以及如何添加 Excel 函数（batch_insert_col_data_demo.py）。

```python
import json
from openpyxl import load_workbook
from openpyxl.utils import column_index_from_string

def _load_json_data():
    '''
    私有函数，加载 JSON 格式的化学成绩数据并返回
    '''
    with open('./05/化学成绩数据.json','r', encoding='utf-8') as f:
        data = json.load(f)
        return data['data']

def batch_insert_datas():
    '''
    将成绩数据批量插入 Sheet 中
    '''

    filename = './05/成绩统计表.xlsx'

    #加载已有的成绩统计表对象
    wb = load_workbook(filename)
    #获取活动工作表 Sheet 对象
    ws = wb.active

    # 插入"化学"表头部分
    ws['E1'].value = '化学'
    ws['F1'].value = '总分'
    ws['G1'].value = '平均分'

    #加载化学成绩数据
    score_datas = _load_json_data()

    # 将列字母转换为用数字表示，如：A --> 1
    # 获取"化学"列 E 对应的数字列号
    score_col_idx = column_index_from_string('E')
    # 获取"总分"列 F 对应的数字列号
    sum_score_col_idx = column_index_from_string('F')
    # 获取"平均分"列 G 对应的数字列号
    avg_score_col_idx = column_index_from_string('G')
```

第 5 章　使用 Openpyxl 操作行、列和单元格

```
    #计算在表格中最后一个学生所在的行号
    #max_row 表示 Sheet 中的所有列中数据条数最多的那个行数
    max_row_idx = ws.max_row
    # 注意：如果在 Sheet 中所有列的数据并不是一样多的话，那就单独进行计算
    # 单独计算所在列的行数
    # max_row_idx = len(ws['E'])

    # 遍历行，给相应的单元格赋值，从第 2 行开始，因为第 1 行是表头
    for i in range(2, max_row_idx + 1):
        #获取第 1 行的姓名，用来作为 key，从字典中取出相应的化学分数
        name = ws.cell(i, 1).value

        # 根据姓名获取化学分数，如果没获取到，默认值为 0
        score = score_datas.get(name,0)
        # 将得到的分数赋值给化学列所对应的单元格
        ws.cell(i, score_col_idx, value=score)

        # 计算一个人的总分数，在单元格中填写公式：=sum(A1:F1)，Excel 会自动进行求和
          计算
        ws.cell(i, sum_score_col_idx, value=f"=SUM(B{i}:E{i})")
        # 计算一个人的平均分数
        ws.cell(i, avg_score_col_idx, value=f"=AVERAGE(B{i}:E{i})")

    #保存修改后的 Excel 文件
    wb.save(filename)

if __name__ == '__main__':
    #调用函数
    batch_insert_datas()
```

这里的关键是如何获取相应的单元格，即如何得到一个单元格的行号和列号。

> **注意**：列的字母索引与数字索引的转换，Openpyxl 提供了两个函数来处理字母与数字之间对应关系的转换，在 openpyxl.utils 模块下有两个函数，其中，column_index_from_string 用于将字母列号转换成数字列号（如 A→1），get_column_letter 用于将数字列号转换成字母列号（如 3→C）。

cell 对象提供了 row 和 column 两个属性，分别用来返回当前单元格所在的行号和列号，列号以数字表示。

执行实例代码后，会得到如图 5.5 所示的 Excel 文件。

	A	B	C	D	E	F	G	H
1	姓名	语文	数学	英语	化学	总分	平均分	
2	吴秀英	95	100	98	100	393	98.25	
3	谭军	84	90	82	90	346	86.5	
4	林敏	99	100	100	97	396	99	
5	姜桂英	89	90	82	79	340	85	
6	郑秀英	81	65	75	89	310	77.5	
7	袁秀兰	98	78	89	99	364	91	
8								
9								
10								
11								

图 5.5 插入化学分数、总分和平均分后的 Excel 文件

5.3.3 插入图片

本节我们来看如何将图片插入 Sheet 中。资源放在 05 文件夹下（insert_image_demo.py）：

```python
from openpyxl.drawing.image import Image
def insert_image():
    '''
    将图片插入 Excel 文件
    '''
    #加载 Excel 文件
    wb = load_workbook('./05/cell_data_demo.xlsx')
    #创建一个用来放图片的工作表，名称为"图片"
    ws = wb.create_sheet('图片')

    #加载本地图片
    img = Image('./05/image.png')

    #将图片插入 A1 单元格中
    ws.add_image(img, 'A1')

    #另存修改后的文件，注意路径与加载的不一样
    wb.save('./cell_data_demo.xlsx')
```

结果如图 5.6 所示。

🔔 注意：本书使用的 Openpyxl 版本（v3.09）不支持读取 Excel 文件中的图片和图表。如果文件包含图片或图表，读取到内存中后会被舍弃。

第 5 章　使用 Openpyxl 操作行、列和单元格

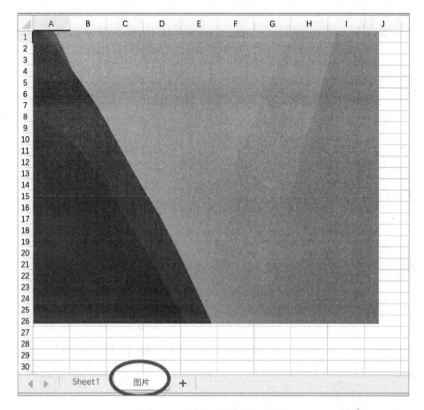

图 5.6　在单元格中插入图片

5.4　冻结窗口

在 Excel 中，我们经常通过冻结首行或首列等方式来提高对数据的可读性。在 Openpyxl 中，可以非常简单地实现各种冻结操作，可以通过 Worksheet.freeze_panes 属性进行设置。

5.4.1　冻结首行或多行

冻结前 N 行，只需要将 freeze_panes 设置成第 $N+1$ 行的第 1 列所在的单元格。

```
wb = Workbook()
ws = wb.active

# 表示冻结首行
ws.freeze_panes = ws['A2']
```

```
# 表示冻结前 3 行
ws.freeze_panes = ws['A4']
```

5.4.2 冻结首列或多列

冻结前 N 列，只需要将 freeze_panes 设置成第 1 行的第 $N+1$ 列所在的单元格。

```
wb = Workbook()
ws = wb.active

# 表示冻结首列
ws.freeze_panes = ws['B1']

# 表示冻结前 4 列
ws.freeze_panes = ws['E1']
```

5.4.3 冻结多行多列

冻结前 M 行 N 列，只需要将 freeze_panes 设置成第 $M+1$ 行的第 $N+1$ 列所在的单元格。

```
wb = Workbook()
ws = wb.active

# 表示冻结前 2 行的第 1 列
ws.freeze_panes = ws['B3']
```

5.5 小 结

本章介绍了使用 Openpyxl 操作 Excel 单元格、行、列及数据处理等方法。

通过本章的学习，读者可以在 Python 中使用 Openpyxl 库对 Excel 表格进行常用的操作，处理批量的数据，以及进行常见的冻结窗口操作。

本章通过大量的代码来讲解相关的知识点，希望读者能多加练习，并结合自身的工作，使用 Python + Openpyxl 将一些工作自动化。

第 6 章　让工作表变得漂亮

通过 Openpyxl 几乎可以实现在 Excel 中对所有样式进行设置,但通过代码设置样式,没有直接在 Excel 中进行设置更直观。在实际开发中,一般都是在 Excel 中将各种样式设置好,然后再将其发送给开发人员进行数据填充或者生成报表。

本章将讲解一些常用的样式设置,主要内容如下:
- 行高和列宽的设置。
- 字体设置。
- 对齐设置。
- 数字格式设置。
- 边框设置。
- 填充样式设置。

最后以一个实例介绍 Faker 库的使用。

6.1　设置行高和列宽

有时我们需要设置一行为定高或者一列为定宽,这时就可以通过 Worksheet.row_dimensions 对象来设置行高,通过 Worksheet.column_dimensions 对象来设置列宽:

```
# 设置第1行的行高为100
ws.row_dimensions[1].height = 100
# 设置第2列的列宽为20
ws.column_dimensions['B'].width = 20
```

> 注意:前面我们已讲解过如何隐藏行和列。隐藏行通过 ws.row_dimensions.group()方法设置,隐藏列通过 ws.column_dimensions.group()方法设置。

6.2　设置单元格样式

单元格常见的样式设置包括设置字体样式、设置对齐样式、设置填充样式和设置边框样式等。Openpyxl 用来控制单元格样式的功能主要在 openpyxl.styles 模块中。

6.2.1 设置字体样式

设置字体样式主要包括设置字体名、设置字体颜色，以及字体是否加粗、是否为斜体等，可以通过 Openpyxl.styles.Font 对象进行设置。代码实例如下：

```
from openpyxl.styles import Font

#定义一个字体对象
font = Font(name='宋体', size=16, bold=True, italic=True, color='ff0000')
#设置单元格的字体样式
ws['A1'].font = font
```

注意：Font 的字段颜色 color 值采用 RGB 的十六进制形式。

6.2.2 设置对齐样式

对齐样式通过 openpyxl.styles.Alignment 对象进行设置。对齐样式分为水平方向（horizontal）和垂直方向（vertical）。

水平方向包括：左对齐（left）、居中（center）、右对齐（right）、分散对齐（distributed）、跨列居中（centerContinuous）、两端对齐（justify）、填充（fill）和常规（general）。

垂直方向包括：居中（center）、靠上（top）、靠下（bottom）、两端对齐（justify）和分散对齐（distributed）。

```
from openpyxl.styles import Font,Alignment
# 定义一个对齐对象并设置水平和垂直方向的对齐方式
align = Alignment(horizontal='left', vertical='center', wrap_text=True)
#设置单元格的对齐方式
ws['A1'].alignment = align
```

注意：wrap_text 参数表示是否自动换行。

6.2.3 设置数字格式

在 Excel 中，经常需要设置数字的显示样式，如日期格式和金额格式等。可以通过 Cell 的 number_format 属性来进行设置，它的值为字符串形式。

```
from openpyxl.styles import numbers
import datetime

wb = Workbook()
ws = wb.active
```

```
ws['b1'].value = 100000.53
#使用系统预设的方式来显示金额
ws['b1'].number_format = numbers.FORMAT_CURRENCY_USD_SIMPLE

ws['b2'].value = 100000.53
#自定义以人民币的格式进行显示
ws['b2'].number_format = '"¥"#,##0.00_-'

ws['b3'].value = datetime.date.today()
#自定义日期显示格式
ws['b3'].number_format = 'yyyy年mm月dd日'
```

> 注意：在 Openpyxl 中也内置了非常多的预设值，它们在 openpyxl.styles.numbers 模块中，读者可以去源文件中自行查看都有哪些预设值。

6.2.4 设置边框样式

边框样式通过 openpyxl.styles.Border 对象进行设置。与在 Excel 中进行设置一样，也是分为上、下、左、右 4 个方向分别设置：

```
from openpyxl.styles import Border,Side
#定义一个Border对象
border = Border(
    left=Side(border_style='thin',color='000000'),
    right=Side(border_style='thick',color='000000'),
    top=Side(border_style='slantDashDot',color='000000'),
    bottom=Side(border_style='medium',color='000000'),
)
#对指定的单元格设置边框样式
ws['b2'].border = border
```

每条边都是通过 Sider 对象进行处理的，其中，border_style 属性用来设置边框线的样式，color 属性用来设置边框线的颜色。

Openpyxl 提供了非常多的边框线样式，如 dashDot、dashDotDot、dashed、dotted、double、hair、medium、mediumDashDot、mediumDashDotDot、mediumDashed、slantDashDot、thick 和 thin，读者可以自行体验一下每种边框线样式。

6.2.5 设置填充样式

填充样式通过 openpyxl.styles.PatternFill 对象进行设置。

```
from openpyxl.styles import PatternFill

wb = Workbook()
ws = wb.active
ws['b2'].value = '单元格的样式设置'

fill = PatternFill(
    patternType='solid',              # 用来设置填充的样式，必须提供
    start_color='0000FF',             # 前景色
    # end_color='FF0000',             # 背景色
)
ws['b2'].fill = fill
```

Openpyxl 提供了多种填充样式，如 solid、darkDown、darkGray、darkGrid、darkHorizontal、darkTrellis、darkUp、darkVertical、gray0625、gray125、lightDown、lightGray、lightGrid、lightHorizontal、lightTrellis、lightUp、lightVertical 和 mediumGray，读者可以体验一下每种样式。

> **注意**：当 patternType=solid 时，背景色不需要设置。
> Openpyxl 还提供了一个 openpyxl.styles.GradientFill 对象，读者也可以尝试一下。

6.3 综合实例

结合前面章节所学的知识，本节将演示一个综合实例，最终生成的 Excel 文件如图 6.1 所示。

	A	B	C	D	E
1		2021销售统计表(元)			
2	月 份	李建平	陈玉	瞿桂芳	
3	1月	¥11.5万	¥67.1万	¥44.9万	
4	2月	¥51.9万	¥36.0万	¥9.8万	
5	3月	¥41.9万	¥51.1万	¥36.6万	
6	4月	¥12.5万	¥69.4万	¥83.3万	
7	5月	¥11.5万	¥56.5万	¥83.6万	
8	6月	¥11.0万	¥89.0万	¥41.7万	
9	7月	¥98.7万	¥63.0万	¥24.0万	
10	8月	¥13.0万	¥26.4万	¥97.6万	
11	9月	¥29.0万	¥24.8万	¥42.1万	
12	10月	¥53.7万	¥11.1万	¥71.7万	
13	11月	¥89.3万	¥12.3万	¥73.8万	
14	12月	¥97.1万	¥19.8万	¥67.2万	
15	销售总额	¥521.1万	¥526.5万	¥676.3万	
16					
17					
18					

图 6.1　生成的"销售统计表"

在编写代码之前,先给读者介绍一个非常有用的测试数据生成库——Faker。使用 Faker 可以很轻松地生成各类测试数据,它能极大地缩短在开发过程中"造"测试数据的时间,其提供了非常丰富的函数。

下面通过代码进行简单的介绍。

```python
from faker import Faker

# 创建一个 Faker 对象
# 其中,locale 属性表示要生成哪个地区的数据,默认为 en_US
# locale='zh_CN' 表示创建中国地区的数据格式
faker = Faker(locale='zh_CN')

# 随机生成一个姓名
name = faker.name()
# 随机生成一个地址
address = faker.address()
# 随机生成一个数字
a = faker.random_digit()
# 随机生成一个浮点数
d = faker.pyfloat(right_digits=1, min_value=9, max_value=100)
```

读者可以利用 dir()和 help()函数来查看 Faker 的各函数的作用。

☎ **提示**:Faker 的 GitHub 地址为 https://github.com/joke2k/faker。

本实例的代码如下:

```python
from faker import Faker
from openpyxl import Workbook
from openpyxl.styles import NamedStyle, Font, PatternFill, Alignment

def _create_test_data():
    '''
    生成测试数据
    '''
    #创建一个 Faker 对象
    faker = Faker(locale='zh_CN')

    #数据容器
    data = []
    # 第1行数据为月份加随机的 3 个人的姓名
    data.append(('月 份', faker.name(), faker.name(), faker.name()))

    #创建 12 个月的销售测试数据
    for i in range(1, 13):
```

```python
        data.append(
            (f'{i}月',
            faker.pyfloat(right_digits=1, min_value=9, max_value=100),
            faker.pyfloat(right_digits=1, min_value=9, max_value=100),
            faker.pyfloat(right_digits=1, min_value=9, max_value=100),))

    return data

def _sheet_styles(ws):
    '''
    Sheet 样式设置函数
    '''
    # 对齐样式
    alignment = Alignment(horizontal='center', vertical='center')

    # "表头"的样式
    # 使用 NamedStyle 对象来管理各样式
    header_style = NamedStyle(name='header_title_style',)
    header_style.font = Font(name='宋体', bold=True, size=30)
    header_style.fill = PatternFill(patternType='solid', start_color='00008080')
    header_style.alignment = alignment
    #对单元格设置样式
    ws['A1'].style = header_style

    # 设置行高
    ws.row_dimensions[1].height =80

    # 第2行的样式
    second_row_style = NamedStyle(name='seconde_row_style')
    second_row_style.font = Font(name='宋体', size=20)
    second_row_style.alignment = alignment

    # 对第2行中的每个单元格进行样式设置
    for cell in ws[2]:
        cell.style = second_row_style
        # 设置列宽
        ws.column_dimensions[cell.column_letter].width = 20
    # 可以让单元格根据内容自适应宽度
        ws.column_dimensions[cell.column_letter].bestFit = True


    font = Font(name='宋体', size= 18)
```

```python
        # 设置月份列的样式
        for row in ws['A3:A15'] :
            for cell in row:
                cell.font = font
                cell.alignment = alignment

        # 设置销售金额的样式
        sales_data_style = NamedStyle(name='sales_data_style')
        sales_data_style.number_format = '"¥"#,##0.0"万"'
        sales_data_style.font = font
        sales_data_style.alignment = Alignment(horizontal='left')
        #对销售数据所在的单元格进行遍历，设置样式
        for row in ws['B3:D15']:
            for cell in row:
                cell.style = sales_data_style

def get_sales_infos(year):
    '''
    创建销售统计表Excel
    '''
    wb = Workbook()
    ws = wb.active
    # 设置工作表的title 为年份+销售统计表字样
    ws.title = f'{year}销售统计表'

    #合并单元格
    ws.merge_cells('A1:D1')
    # 第1行为"表头"
    ws['A1'].value = f'{year}销售统计表(元)'

    #调用测试数据生成函数，生成测试数据
    sales_data = _create_test_data()
    #将测试数据插入Sheet
    for data in sales_data:
        ws.append(data)

    #表格的最后一行内容
    ws['A15'].value = '销售总额'
    ws['B15'].value = '=SUM(B3:B14)'
    ws['C15'].value = '=SUM(C3:C14)'
    ws['D15'].value = '=SUM(D3:D14)'

    # 调用设置样式函数进行样式设置
```

```
        _sheet_styles(ws)

    #保存文件
    wb.save(f'./06/{year}销售统计表.xlsx')

if __name__ == '__main__':
    # 调用函数创建 2021 年的销售统计表
    get_sales_infos(year=2021)
```

在代码中已经添加了详细的注释说明,这里就不再对各行代码进行解释说明了。

🔔**注意**:在上面的代码中使用了 NamedStyle 对象,它的作用就是将各种样式集合在一起进行管理,然后通过单元格的 style 属性进行设置,并且单元格的宽度可以根据内容进行自适应。

6.4 小 结

本章主要讲解了 Openpyxl 对 Excel 的一些常用样式的设置,如字体、对齐、数字格式和填充等。Openpyxl 将样式功能基本都封装在 openpyxl.styles 中。

结合前面章节所学的知识,我们通过编程实现了"2021 销售统计表(元)"的制作。

通过本章的学习,读者可以对 Excel 的一些常用的基础样式通过代码进行设置了。在实际开发过程中,很少直接使用代码对这些样式进行设置,一般是先创建一个已经设置好样式的 Excel 文件,然后由开发人员根据这个文件进行填充数据等操作,但学习一些常用的样式设置还是有帮助的。

第 7 章 使用 Openpyxl 轻松制作 Excel 常用图形

通过前面章节的学习，我们已经对 Openpyxl 操作 Excel 有了比较深入的理解。本章将介绍如何使用 Openpyxl 制作 Excel 图形，这也是 Openpyxl 的一大亮点，它能非常高效地创建各类 Excel 图形。通过编程的方式，利用 Openpyxl 制作图形与在 Excel 中的制作过程类似，编程比较简单、直观。

本章的主要内容如下：
- 制作柱形图。
- 制作折线图。
- 制作面积图。
- 制作饼状图和投影饼状图。
- 制作散点图。
- 制作股票图。

7.1 制作柱形图

柱形图（BarChart）主要是通过 BarChart 和 BarChart3D 这两个对象进行绘制，其方向可以是水平方向，也可以是垂直方向。柱形图可以分为 3 种：标准、堆叠和百分比堆叠。

7.1.1 制作 2D 柱形图

我们在 6.3 节的综合实例的基础上制作柱形图，读者可以通过"综合实例"中的代码生成一个 Excel 文件进行练习，也可以直接使用"07/2021 销售统计表.xlsx"文件进行练习（07/barchart_demo.py）。

```
from openpyxl import load_workbook
from openpyxl.chart import BarChart, Reference
```

```python
def bar_chart_demo():
    wb = load_workbook('./07/2021销售统计表.xlsx')
    ws = wb['2021销售统计表']

    # 创建一个BarChart对象
    bar_chart = BarChart()

    # 设置柱子的方向,col为垂直方向,bar为水平方向,默认为col
    bar_chart.type = 'col'

    # 设置图形的样式,样式以数字方式进行设置,范围在1~48之间
    bar_chart.style = 13
    # 设置图形的宽
    bar_chart.width = 25
    # 设置图形的高
    bar_chart.height = 12
    # 设置图形的标题
    bar_chart.title = '2021销售统计'
    # 设置x轴的标题
    bar_chart.x_axis.title = '月份'
    # 设置y轴的标题
    bar_chart.y_axis.title = '销售额(元)'

    # 创建数据选区
    data_reference = Reference(ws,min_col=2, max_col=4,min_row=2, max_row=14)
    # 将数据选区添加到图形对象上
    bar_chart.add_data(data_reference,titles_from_data=True)

    # 创建一个x轴刻度显示的选区
    label_reference = Reference(ws,min_col=1, min_row=3, max_row=14)
    # 将x轴刻度选区添加到图形上
    bar_chart.set_categories(label_reference)

    # 将图形添加到Sheet上,图形左上角的锚点位置在F2单元格上
    ws.add_chart(bar_chart,anchor='F2')

    wb.save('./07/2021销售统计表_柱状图.xlsx')

if __name__ == '__main__':
    bar_chart_demo()
```

运行上面的代码,得到如图7.1所示的图形。

第 7 章　使用 Openpyxl 轻松制作 Excel 常用图形

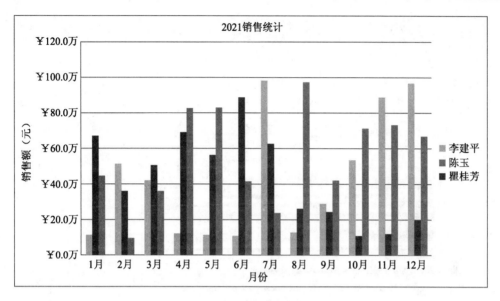

图 7.1　垂直柱形图

有如下几点需要注意：
- 样式 style 是通过数字（1～48）进行设置的。
- Reference 对象用来创建数据选区和在 X 轴显示的数据。
- 将要显示的数据添加到图形上使用 add_data()方法；在 X 轴上显示信息使用 set_categories()方法。
- 将图形添加到工作表 Sheet 上使用 add_chart()方法，并且需要指定一个左上角的锚点。

使用 deepcopy()函数复制 bar_chart，将图形对象的 type 属性设置为 bar，得到如图 7.2 所示的图形（07/barchart_demo.py）。

```
from copy import deepcopy
# 使用deepcopy()函数进行深度复制
horizontal_bar_chart = deepcopy(bar_chart)
# 设置type为bar，即柱子为水平方向
horizontal_bar_chart.type = 'bar'
# 将新图形添加到Sheet上
ws.add_chart(horizontal_bar_chart, 'F23')
```

将图形对象的 grouping 设置为 stacked，可以实现堆叠柱形图的效果，如图 7.3 所示（07/barchart_demo.py）。

```
# 使用deepcopy()函数进行深度复制
stacked_bar_chart = deepcopy(bar_chart)
# grouping = 'stacked' 表示堆叠条形
```

· 87 ·

```
# grouping 的值可以为'percentStacked', 'clustered', 'standard','stacked'
# grouping 默认为 clustered
stacked_bar_chart.grouping = 'stacked'
# overlap=100 表示柱子完全堆叠
stacked_bar_chart.overlap = 100
# 将新图形添加到 Sheet 上
ws.add_chart(stacked_bar_chart, 'F54')
```

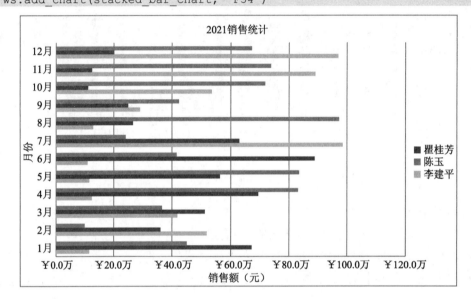

图 7.2 水平柱形图

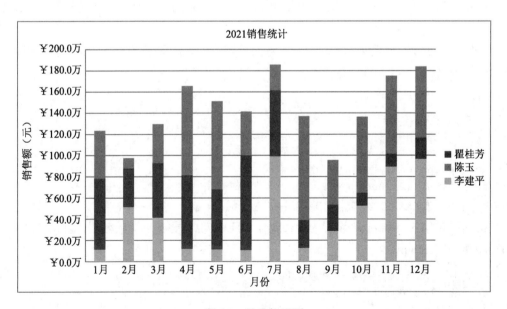

图 7.3 堆叠柱形图

7.1.2 制作 3D 柱形图

学习了如何绘制 2D 柱形图之后，再来绘制 3D 柱形图就比较简单了。它与 2D 图形的编码思路是一样的。3D 柱形图是通过 BarChart3D 对象来处理。我们还是通过实例代码来进行讲解（/07/barchart3d_demo.py）。

```python
from openpyxl import load_workbook
from openpyxl.chart import BarChart,BarChart3D, Reference
from copy import deepcopy

def create_bar_chart(source_file, target_file, is_3D=False):
    '''
    创建柱形图函数

    param: source_file: - 原始数据 Excel 文件路径
    param: target_file: - 保存文件路径
    param: is_3D: - 是否创建 3D 柱形图，默认为 False
    '''
    wb = load_workbook(source_file)
    # 获取绘制图形的数据存放的工作表
    ws = wb['2021销售统计表']

    # 创建一个专门存放图形的工作表
    chart_ws = wb.create_sheet('图表集合')

    # 是否创建 3D 图形
    if is_3D:
        # 创建一个 BarChart3D 对象
        bar_chart = BarChart3D()
    else:
        # 创建一个 BarChart 对象
        bar_chart = BarChart()

    # 用来设置柱子的方向，col 为垂直方向，bar 为水平方向，默认为 col
    bar_chart.type = 'col'
    # 设置图形的样式，样式以数字形式进行设置，范围在 1~48 之间
    bar_chart.style = 18
    # 设置图形的宽
    bar_chart.width = 25
    # 设置图形的高
    bar_chart.height = 15
```

```python
# 设置图形的标题
bar_chart.title = '2021 销售统计'
# 设置 x 轴的标题
bar_chart.x_axis.title = '月份'
# 设置 y 轴的标题
bar_chart.y_axis.title = '销售额(元)'

# 创建数据选区
data_reference = Reference(ws,min_col=2, max_col=4,min_row=2, max_row=14)
# 将数据选区添加到图形对象上
bar_chart.add_data(data_reference,titles_from_data=True)

# 创建一个 x 轴刻度显示的选区
label_reference = Reference(ws,min_col=1, min_row=3, max_row=14)
# 将 x 轴刻度选区添加到图形上
bar_chart.set_categories(label_reference)

# 将图形添加到 Sheet 上,左上角的位置在 F2 单元格
chart_ws.add_chart(bar_chart,anchor='A1')

#=============水平方向的柱形图====================

# 使用 deepcopy()函数进行深度复制
horizontal_bar_chart = deepcopy(bar_chart)
# 使图形的柱子水平方向显示
horizontal_bar_chart.type = 'bar'
# 将新图形添加到 Sheet 上
chart_ws.add_chart(horizontal_bar_chart, 'A32')

# ================堆叠柱形图================

# 使用 deepcopy()函数进行深度复制
stacked_bar_chart = deepcopy(bar_chart)

# grouping = 'stacked' 表示为堆叠柱形
# grouping 的值可以为'percentStacked', 'clustered', 'standard','stacked'
# grouping 默认为 clustered
stacked_bar_chart.grouping = 'stacked'
# overlap=100 表示柱子完全堆叠
stacked_bar_chart.overlap = 100
# 将新图形添加到 Sheet 上
chart_ws.add_chart(stacked_bar_chart, 'A63')
```

```
            wb.save(target_file)

if __name__ == '__main__':
    # 创建 3D 图形
create_bar_chart('./07/2021销售统计表.xlsx','./07/ 2021销售统计表_柱状图3d.xlsx',
    is_3D=True)
```

运行上面的代码会得到如图 7.4、图 7.5 和图 7.6 所示的图形。

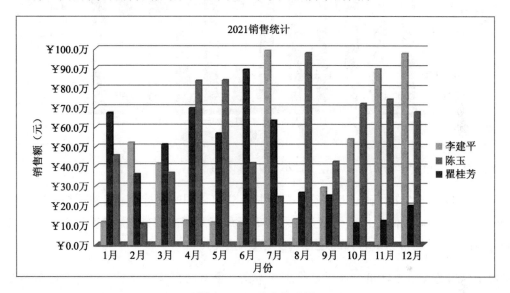

图 7.4　3D 垂直柱形图

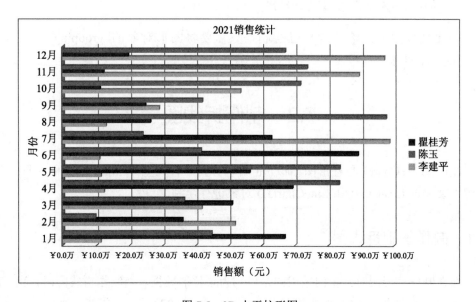

图 7.5　3D 水平柱形图

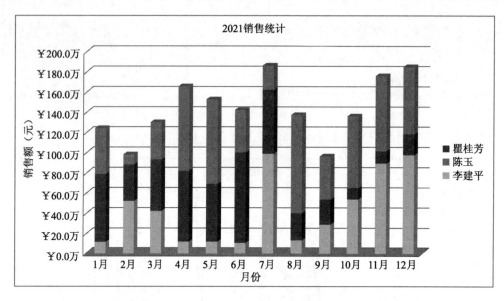

图 7.6　3D 堆叠柱形图

绘制 3D 柱形图的代码进行了微小的重构，它可以同时支持 2D 或 3D 柱形图的绘制。在开发过程中，对代码进行重构也是一种提升代码编写能力的方式。希望读者在今后的学习和工作中可以经常尝试对代码进行一些有效的重构。

> 提示：因为是演示之用，所以笔者在一个函数中写的代码比较多，读者平时要尽量避免这样做。另外，对代码添加注释是开发人员必须要做的事，读者平时一定要养成对代码添加注释的好习惯。

百分比堆叠图形留给读者自己绘制，只需要将图形对象的 grouping 属性设置为 percentStacked 即可。

7.2　制作折线图

折线图（LineChart）与柱形图相似，也可以分为 3 种类型：标准、堆叠和百分比堆叠。折线图主要通过 LineChart 和 LineChart3D 对象进行绘制。

7.2.1　制作基础折线图

前面在制作柱形图时，我们采用的是以列为单位的数据。当制作折线图时，我们改成以行为单位的数据进行讲解，数据源结构如图 7.7 所示（/07/2021 销售统计表（横向）.xlsx）。

	A	B	C	D	E	F	G	H	I	J	K	L	M	N
1	2021销售统计表(元)													
2	姓名	1月	2月	3月	4月	5月	6月	7月	8月	9月	10月	11月	12月	销售总额
3	李红梅	¥67.3万	¥86.1万	¥98.3万	¥53.3万	¥27.3万	¥29.7万	¥26.3万	¥56.6万	¥72.4万	¥33.8万	¥83.2万	¥57.6万	¥691.9万
4	曲平	¥60.9万	¥80.2万	¥38.8万	¥90.8万	¥45.7万	¥46.4万	¥96.4万	¥13.2万	¥56.4万	¥78.1万	¥49.0万	¥79.6万	¥735.5万
5	刘荣	¥47.3万	¥58.2万	¥89.3万	¥35.6万	¥79.3万	¥26.3万	¥68.4万	¥42.0万	¥82.1万	¥92.9万	¥93.1万	¥69.5万	¥784.1万

图7.7 横向数据源

☎提示：读者也可以执行/07/销售统计测试数据（横向）.py文件生成一个测试数据的Excel文件。

下面通过代码讲解如何根据上面的数据源制作基础折线图，然后在此基础上进行其他类型折线图的改造（/07/linechart_demo.py）。

```python
from openpyxl import load_workbook
from openpyxl.chart import LineChart, LineChart3D, Reference
from copy import deepcopy

def create_line_chart(source_file, target_file, is_3D=False):
    '''
    创建折线图函数

    param: source_file: - 原始数据Excel文件路径
    param: target_file: - 保存文件路径
    param: is_3D: - 是否创建3D柱形图，默认为False
    '''
    wb = load_workbook(source_file)
    ws = wb['2021销售统计表']

    if is_3D:
        # 创建一个LineChart3D对象
        line_chart = LineChart3D()
    else:
        # 创建一个LineChart对象
        line_chart = LineChart()

    # 设置图形的样式，样式以数字方式进行设置，范围在1~48之间
    line_chart.style = 18
    # 设置图形的宽
```

```
    line_chart.width = 25
    # 设置图形的高
    line_chart.height = 15
    # 设置图形的标题
    line_chart.title = '2021销售统计'
    # 设置x轴的标题
    line_chart.x_axis.title = '月份'
    # 设置y轴的标题
    line_chart.y_axis.title = '销售额(元)'

    # 创建数据选区
    data_reference = Reference(ws,min_col=1, max_col=13,min_row=3, max_row=5)
    # 将数据选区添加到图形对象上
    line_chart.add_data(data_reference,from_rows=True,titles_from_data=True)

    # 创建一个x轴刻度显示的选区
    label_reference = Reference(ws,min_col=2,max_col=13, min_row=2, max_row=2)
    # 将x轴刻度选区添加到图形上
    line_chart.set_categories(label_reference)

    # 将图形添加到Sheet上，图形左上角的锚点位置在F2单元格上
    ws.add_chart(line_chart,anchor='B7')

    #保存文件
    wb.save(target_file)

if __name__ == '__main__':
    create_line_chart('./07/2021销售统计表(横向).xlsx', './07/2021销售统计表_折线图.xlsx',is_3D=False)
```

执行上面的代码，会生成如图7.8所示的2D折线图。

> **注意**：在调用add_data()方法时，多了一个from_rows=True的参数设置。在默认情况下，add_data()方法是以列为单位来组织数据的。因此，如果数据本身是按列组织的，如前面绘制柱形图时使用的数据源，就不需要设置from_rows参数；如果数据源不是按列进行组织的，就需要设置from_rows=True。

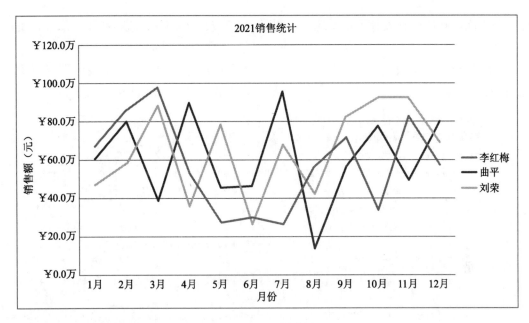

图 7.8　2D 折线图

如果将 create_line_chart() 函数的 is_3D 参数设置为 True，则会得到如图 7.9 所示的基础的 3D 折线图。

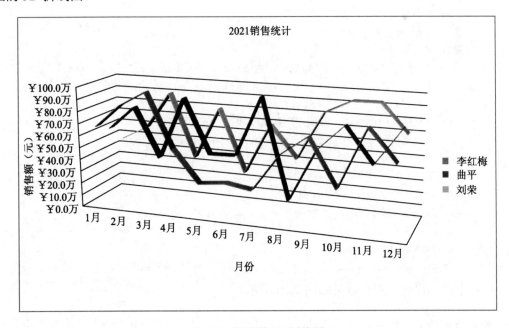

图 7.9　基础的 3D 折线图

在上面的代码中只设置了数据选区、图形的宽高及一些 title，就得到了一个非常美观的图形。

有时需要对图形进行一些个性化的设置。对数据线样式的设定，是通过图形对象的 series 属性完成的。下面通过代码来讲解一些常用的设置（/07/linechart_demo.py）。

```
def _set_line_style(line_chart):
    # 获取第一条数据线的 Series 对象
    s1 = line_chart.series[0]
    # 设置数据顶点的形状，symbol 可以是'circle', 'dash', 'diamond', 'dot',
'picture', 'plus', 'square', 'star', 'triangle', 'x', 'auto'
    s1.marker.symbol = 'square'
    # 设置数据顶点的填充颜色
    s1.marker.graphicalProperties.solidFill = "FF0000"
    # 设置数据线的颜色
    s1.marker.graphicalProperties.line.solidFill = "FF0000" # Marker outline
    # 设置是否显示数据线，当设置 noFill=True 时，将不会显示数据线段，数据顶点会显示出来
    s1.graphicalProperties.line.noFill = True


    # 获取第 2 条数据线的 Series 对象
    s2 = line_chart.series[1]
    # 设置数据线的颜色
    s2.graphicalProperties.line.solidFill = "0000FF"
    # 设置数据线的样式
    # dashStyle 可以是'dot, 'lgDashDot, 'lgDashDotDot, 'sysDash, 'lgDash,
'sysDot, 'solid, 'dashDot, 'sysDashDotDot, 'dash, 'sysDashDot'
    s2.graphicalProperties.line.dashStyle = "solid"
    # 设置数据线段的宽度，一般使用默认宽度即可
    # s2.graphicalProperties.line.width = 100050

    # 获取第 3 条数据线的 Series 对象
    s3 = line_chart.series[2]
    # 设置数据线段是否光滑
    s3.smooth = True
    # 设置数据线的颜色
    s3.graphicalProperties.line.solidFill = '00FFAA'
```

执行上面的代码，图形效果如图 7.10 所示。

> 注意：当使用 LineChart3D 对象时，一些样式的设置会无效，如数据线段是否显示属性 noFill，以及顶点形状属性 symbol 等。读者可以自行尝试。

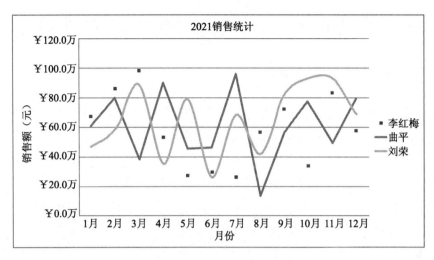

图 7.10 设置样式之后的折线图

7.2.2 制作堆叠折线图

堆叠（Stacked）折线图的设置是非常简单的，只要在前面绘制的基础折线图上添加 grouping 属性为 stacked 即可（/07/linechart_demo.py）。

```
# 深度复制 line_chart 对象
stacked_line_chart = deepcopy(line_chart)
stacked_line_chart.grouping = "stacked"
# 将堆叠折线图对象添加到工作表对象上
ws.add_chart(stacked_line_chart, "B38")
```

执行上面的代码，将生成如图 7.11 所示的堆叠折线图。

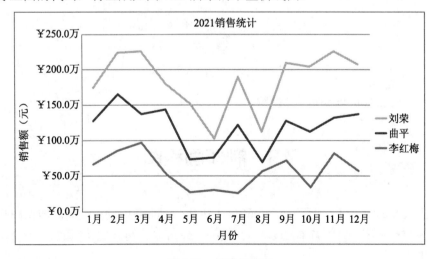

图 7.11 堆叠折线图

读者可以尝试生成堆叠折线 3D 图，还可以练习对图形进行其他样式设置。

7.2.3 制作百分比堆叠折线图

百分比堆叠（PercentStacked）折线图与堆叠折线图的设置一样，只需要将 grouping 属性为 stacked 即可（/07/linechart_demo.py）。

```
# 深度复制 line_chart 对象
percent_stacked_line_chart = deepcopy(line_chart)
# 设置图形为堆叠式
percent_stacked_line_chart.grouping = "percentStacked"
# 将百分比堆叠折线图对象添加到工作表对象上
ws.add_chart(percent_stacked_line_chart, "B69")
```

执行上面的代码，将生成如图 7.12 所示的百分比堆叠折线图。

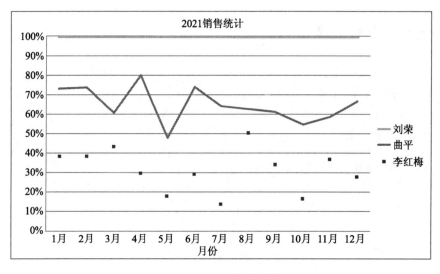

图 7.12　百分比堆叠折线图

读者可以尝试生成堆叠折线 3D 图。

7.3　制作面积图

面积图（AreaChart）主要通过 AreaChart 和 AreaChart3D 进行绘制。面积图与前面讲解的折线图和柱形图一样，都有 2D 和 3D 之分，还可以分为基础（标准）、堆叠、百分比堆叠 3 种类型。

本节还是以"2021 销售统计表"的数据（/07/2021 销售统计表.xlsx）进行面积图绘制的讲解（/07/areachart_demo.py）。

```python
from openpyxl import load_workbook
from openpyxl.chart import AreaChart,AreaChart3D, Reference
from copy import deepcopy

def create_area_chart(source_file, target_file, is_3D=False):
    '''
    创建面积图函数

    param: source_file: - 原始数据 Excel 文件路径
    param: target_file: - 保存文件路径
    param: is_3D: - 是否创建 3D 柱形图，默认为 False
    '''
    wb = load_workbook(source_file)
    ws = wb['2021 销售统计表']

    if is_3D:
        # 创建一个 AreaChart3D 对象
        area_chart = AreaChart3D()
    else:
        # 创建一个 AreaChart 对象
        area_chart = AreaChart()

    # 设置图形的样式，样式以数字方式进行设置，范围在 1～48 之间
    area_chart.style = 18
    # 设置图形的宽
    area_chart.width = 25
    # 设置图形的高
    area_chart.height = 15
    # 设置图形的标题
    area_chart.title = '2021 销售统计'
    # 设置 x 轴的标题
    area_chart.x_axis.title = '月份'
    # 设置 y 轴的标题
    area_chart.y_axis.title = '销售额(万元)'

    # 创建数据选区
    data_reference = Reference(ws,min_col=1, max_col=13,min_row=3,
```

```
    max_row=5)
    # 将数据选区添加到图形对象上
    area_chart.add_data(data_reference,from_rows=True,titles_from_data=True)

    # 创建一个x轴刻度显示的选区
    label_reference = Reference(ws,min_col=2,max_col=13, min_row=2, max_row=2)
    # 将x轴刻度选区添加到图形上
    area_chart.set_categories(label_reference)

    # 将图形添加到Sheet上,图形左上角的锚点位置在F2单元格上
    ws.add_chart(area_chart,anchor='B7')

    # ============堆叠面积图===============
    # 深度复制 line_chart 对象
    stacked_area_chart = deepcopy(area_chart)
    # 设置图形为堆叠式
    stacked_area_chart.grouping = "stacked"
    # 将堆叠面积图对象添加到工作表对象上
    ws.add_chart(stacked_area_chart, "B38")

    # ============百分比堆叠面积图===============
    # 深度复制 line_chart 对象
    percent_stacked_area_chart = deepcopy(area_chart)
    # 设置图形为堆叠式
    percent_stacked_area_chart.grouping = "percentStacked"
    # 将百分比堆叠面积图对象添加到工作表对象上
    ws.add_chart(percent_stacked_area_chart, "B69")

    #保存文件
    wb.save(target_file)

if __name__ == '__main__':
    create_area_chart('./07/2021销售统计表(横向).xlsx','./07/2021销售统计表_面积图.xlsx',is_3D=True)
```

执行上面的代码,将生成如图7.13至图7.15所示的图形。

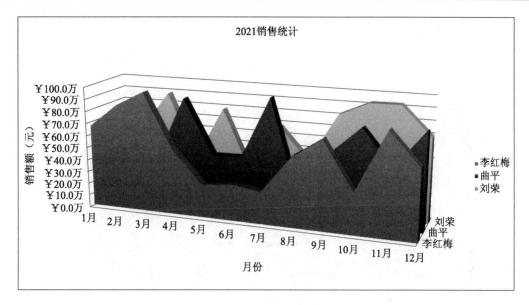

图 7.13　标准面积图（3D）

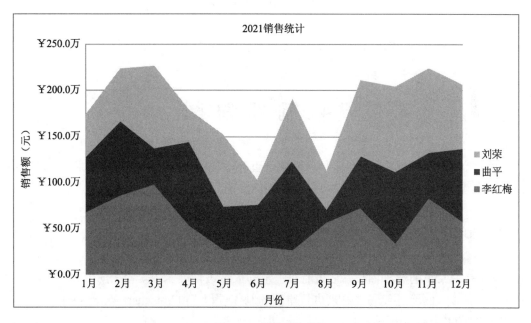

图 7.14　堆叠面积图

读者可以对上面的代码进行重构修改，尝试制作各种类型和样式的面积图，也可以根据前面章节学习的内容，练习对图形样式的设置。

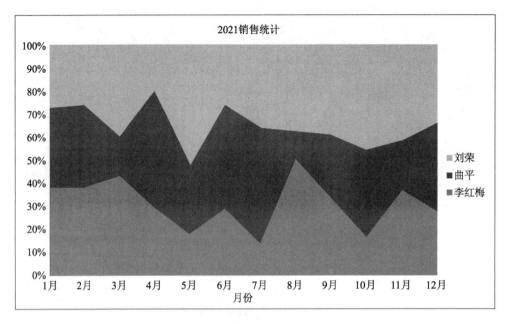

图 7.15 百分比堆叠面积图

☎提示：图形的样式都是通过 Series 来设置的。

7.4 制作饼图

饼图（PieChart）非常适合显示一些关于百分占比类的数据。本节我们将学习两种类型的饼图：PieChart（2D、3D）和 ProjectedPieChart。

7.4.1 制作 2D 和 3D 饼图

饼图是最常见的一种图形，它只能对单组的数据进行展示，读者在使用饼图之前需要注意这一点。下面通过代码实例来讲解饼图的制作过程（/07/piechart_demo.py）。

```
from openpyxl import Workbook
from openpyxl.chart import PieChart, PieChart3D, Reference
from openpyxl.chart.series import DataPoint


def _get_PL_ranking_top10_data():
```

```python
    '''
    2022.4 编程语言 TOP10 占比情况
    '''
    return [
        ('语言', '占比'),
        ('Python', 13.92),
        ('C', 12.71),
        ('Java', 10.82),
        ('C++', 8.28),
        ('C#', 6.82),
        ('Visual Basic', 5.4),
        ('JavaScript', 2.41),
        ('Assembly Language', 2.35),
        ('SQL', 2.28),
        ('PHP', 1.64),
        ('其他', 33.37),
    ]


def create_pie_chart(target_file, is_3D=False):
    '''
    创建饼图函数

    param: target_file: - 保存文件路径
    param:       is_3D: - 是否创建 3D 柱形图,默认为 False
    '''
    # 创建工作簿对象
    wb = Workbook()
    #获取活动 Sheet
    ws = wb.active

    # 获取 2022.4 编程语言 TOP10 占比
    data = _get_PL_ranking_top10_data()
    # 将数据插入 Sheet
    for row in data:
        ws.append(row)

    # 判断创建 2D 还是 3D 饼图
    if is_3D:
        chart = PieChart3D()
    else:
```

```python
        chart = PieChart()

    # 设置图形的宽
    chart.width = 20
    # 设置图形的高
    chart.height = 15
    # 饼图 title
    chart.title = '2022—4 编程语言占比情况'

    # 根据数据创建数据选区
    data_reference = Reference(ws, min_col=2, min_row=1, max_row=12)
    # 将数据选区添加到饼图对象上
    chart.add_data(data_reference, titles_from_data=True)

    # 根据数据创建 x 轴显示选区
    label_reference = Reference(ws, min_col=1, min_row=2, max_row=12)
    # 添加 x 轴显示选区
    chart.set_categories(label_reference)

    # data_points 属性用来设置饼块是否从圆饼中进行切出显示
    # 这里让索引为 1 和 3 的数据块进行切出显示,即 C 和 C++的数据进行切出显示
    # explosion 用来设置切出显示的距离
    chart.series[0].data_points = [
        DataPoint(idx=1, explosion=5),
        DataPoint(idx=3, explosion=10)
        ]
    # 将圆饼对象添加到 Sheet 上
    ws.add_chart(chart, 'D2')

    # 保存文件
    wb.save(target_file)


if __name__ == '__main__':
    create_pie_chart('./07/饼图.xlsx',is_3D=True)
```

执行上面的代码,将得到如图 7.16 所示的饼图。

> **注意**:因为 PieChart 和 PieChart3D 只展示一组数据,所以在 chart.series 对象中只有一个 Series 对象。chart.series[0].data_points 为 DataPoint 对象列表,其中,idx 可以超出当前数据的索引,不会使程序报错。

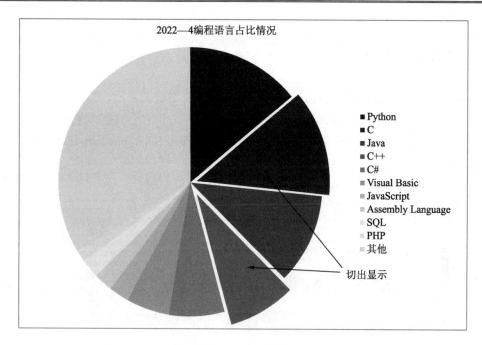

图 7.16　2D 饼图

如果将 create_pie_chart() 函数的 is_3D 设置为 True，则会生成 3D 饼图，如图 7.17 所示。

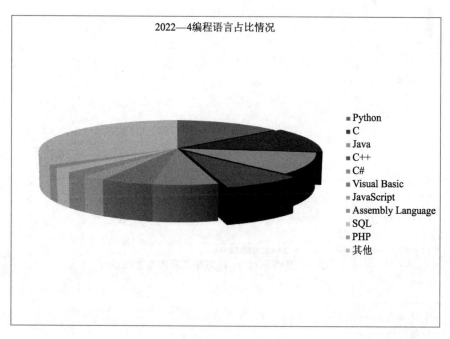

图 7.17　3D 饼图

7.4.2 制作投影饼图

当要显示的数据的一些条目占比非常少时，如果使用饼图显示，则会显示不清楚，此时就可以使用投影饼图（ProjectedPieChart），它会对占比非常小的数据条目进行"放大"显示。下面通过实例代码来讲解投影饼图的制作（/07/projected_piechart_demo.py）。

```python
from openpyxl import Workbook
from openpyxl.chart import ProjectedPieChart, Reference
from openpyxl.chart.series import DataPoint


def _get_PL_ranking_top10_data():
    '''
    2022.4 编程语言 TOP10 占比情况
    '''
    return [
        ('语言', '占比'),
        ('Python', 13.92),
        ('C', 12.71),
        ('Java', 10.82),
        ('C++', 8.28),
        ('C#', 6.82),
        ('Visual Basic', 5.4),
        ('JavaScript', 2.41),
        ('Assembly Language', 0.1),
        ('SQL', 0.8),
        ('PHP', 0.9),
        ('其他', 33.37),
    ]


def create_projected_pie_chart(target_file):
    '''
    创建投影饼图函数

    param: target_file: - 保存文件路径
    param:      is_3D: - 是否创建 3D 柱形图，默认为 False
    '''
    # 创建工作簿对象
    wb = Workbook()
    #获取活动 Sheet
    ws = wb.active
```

```python
# 获取2022.4 编程语言TOP10 占比
data = _get_PL_ranking_top10_data()
# 将数据插入Sheet
for row in data:
    ws.append(row)

# 创建一个ProjectedPieChart 对象
chart = ProjectedPieChart()

chart.type = 'pie'
# type 可以为：['pie', 'bar']
chart.splitType = 'val'
# splitType可以为：['auto', 'cust', 'percent', 'pos', 'val']

# 设置图形的宽
chart.width = 20
# 设置图形的高
chart.height = 15
# 饼图title
chart.title = '2022—4 编程语言占比情况'

# 根据数据创建数据选区
data_reference = Reference(ws, min_col=2, min_row=1, max_row=12)
# 将数据选区添加到饼图对象上
chart.add_data(data_reference, titles_from_data=True)

# 根据数据创建x轴显示选区
label_reference = Reference(ws, min_col=1, min_row=2, max_row=12)
# 添加x轴显示选区
chart.set_categories(label_reference)

# data_points 属性用来设置饼块是否从圆饼中进行切出显示
# 这里让索引为1 和3 的数据块进行切出显示，即C 和C++的数据进行切出显示
# explosion用来设置切出显示的距离
chart.series[0].data_points = [
    DataPoint(idx=1, explosion=5),
    DataPoint(idx=3, explosion=10)
    ]

# 将圆饼对象添加到Sheet 上
ws.add_chart(chart, 'D2')

# 保存文件
```

```
        wb.save(target_file)

if __name__ == '__main__':
    create_projected_pie_chart('./07/投影饼图.xlsx')
```

执行代码，将得到如图7.18所示的投影饼图。

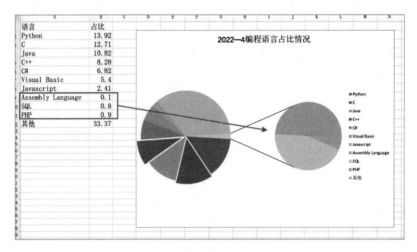

图7.18　投影饼图（2级图为饼状）

💡**注意**：2级图有两种形状，即柱状和饼状，默认为饼状。

如果设置 chart.type = 'bar'，则会得到如图7.19所示的投影饼图。

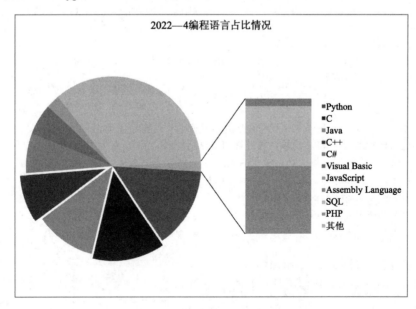

图7.19　投影饼图（2级图为柱状）

> 注意：投影饼图没有 3D 图形。

7.5 制作甜甜圈图

甜甜圈图（DoughnutChart）类似于饼图，但是它使用环而不是圆形，并且它还可以将多个系列的数据绘制为同心环。

首先来看看如何制作只有一组数据的甜甜圈图（/07/doughnutchart_demo.py）。

```python
from openpyxl import Workbook
from openpyxl.chart import DoughnutChart, Reference, Series
from openpyxl.chart.series import DataPoint

def create_doughnutchart_one_data(target_file):
    '''
    生成单组数据的甜圈圈图
    param: target_file: - 保存文件路径
    '''
    # 测试数据
    data = [
        ('手机品牌', '2020'),
        ('Vivo', 23),
        ('Oppo', 22),
        ('Huawei', 17),
        ('Xiaomi', 15),
        ('Apple', 13),
        ('Others', 11),
    ]

    wb = Workbook()
    ws = wb.active

    # 将数据插入 Sheet
    for row in data:
        ws.append(row)

    # 创建一个甜圈圈图对象
    chart = DoughnutChart()

    # 设置图形的宽
    chart.width = 16
    # 设置图形的高
    chart.height = 10
```

```python
    # 设置图形的样式
    chart.style = 26
    # 设置图形的 title
    chart.title = '2020年手机品牌市场占有率'

    # 创建数据选区
    data = Reference(ws, min_col=2,min_row=1, max_row=7)
    # 将数据选区添加到图形对象上
    chart.add_data(data, titles_from_data=True)

    # 创建 label 选区
    labels = Reference(ws, min_col=1, min_row=2, max_row=7)
    # 将 label 选区添加到图形对象上
    chart.set_categories(labels)

    # 将数据中的第 2 个数据点在图形上进行切出显示,即 oppo 的数据图块进行切出显示
    chart.series[0].data_points = [DataPoint(idx=1, explosion=5)]

    # 将图形对象添加到 Sheet 对象上
    ws.add_chart(chart, anchor='B9')

    # 保存文件
    wb.save(target_file)


if __name__ == '__main__':
    create_doughnutchart_one_data('./07/甜圈圈图.xlsx')
```

执行上面的代码,将得到如图 7.20 所示的图形。

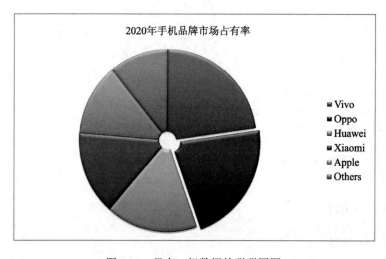

图 7.20 只有一组数据的甜甜圈图

> **提示**：当只有一组数据时，其代码与前面的投影饼图的代码非常相似。

接下来看一个有两组数据的甜甜圈图的代码实例（/07/doughnutchart_demo.py）。

```python
def create_doughnutchart(target_file):
    '''
    生成多组数据的甜圈圈图
    param: target_file: - 保存文件路径
    '''
    data = [
        ('手机品牌', '2020','2021'),
        ('Vivo', 23, 17),
        ('Oppo', 22, 17),
        ('Huawei', 17, 42),
        ('Xiaomi', 15, 11),
        ('Apple', 13, 9),
        ('Others', 11, 5),
    ]

    wb = Workbook()
    ws = wb.active

    # 将数据插入 Sheet
    for row in data:
        ws.append(row)

    # 创建甜甜圈图形 DoughnutChart 对象
    chart = DoughnutChart()

    # 设置图形的宽
    chart.width = 16
    # 设置图形的高
    chart.height = 10
    # 设置图形样式
    chart.style = 26
    chart.title = '2020～2021 年手机品牌市场占有率'

    # =====2 种创建数据选区的方式=====

    # 第 1 种：一次性选取两组数据作为数据选区
    # data = Reference(ws, min_col=2,max_col=3,min_row=1, max_row=7)
    # chart.add_data(data, titles_from_data=True)

    # 第 2 种：一次选取一组数据，通过 Series 对象进行多次操作
```

```python
# 先选取第 1 组数据作为选区
data = Reference(ws, min_col=2,min_row=1, max_row=7)
# 再选取第 2 组数据作为选区
data2 = Reference(ws, min_col=3, min_row=1, max_row=7)
# 将第 2 组数据使用 Series 对象进行封装
series2 = Series(data2, title_from_data=True)
# 将使用第 2 组数据封装好的 Series 对象添加到图形对象的 series 属性中
chart.series.append(series2)

# 创建 label 选区
labels = Reference(ws, min_col=1, min_row=2, max_row=7)
# 设置图形的 label 选区数据
chart.set_categories(labels)

# 设置最外层圆环的数据块切出显示效果
chart.series[1].data_points = [DataPoint(idx=1, explosion=5)]

# 将图形对象添加到 Sheet 中
ws.add_chart(chart, anchor='B9')

# 保存文件
wb.save(target_file)
```

调用上面的 create_doughnutchart()函数，将会得到如图 7.21 所示的图形。

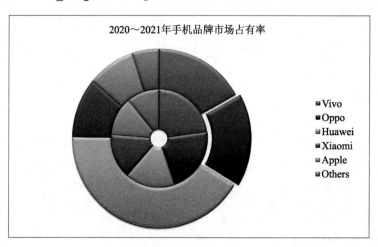

图 7.21 有两组数据的甜甜圈图

> **注意**：创建数据选区有两种方式：一种是一次性选取全部数据进行创建；另一种是通过 Series 对象进行多次创建。只有最外层圆环上的圆环块可以进行切出显示，其他圆环不可以。

7.6 制作散点图

散点图（ScatterChart）与前面学习的折线图类似，可以使用散点图来实现类似于折线图的图形。有时提供的数据并不是按时间顺序或者大小顺序排好的，而是随机和离散的，此时使用散点图就非常合适。

下面通过代码实例来讲解散点图的常见用法（/07/scatter_chart_demo.py）。

```python
from openpyxl import Workbook
from openpyxl.chart import ScatterChart, Reference, Series
from faker import Faker

def _create_test_data():
    '''
    生成测试数据函数
    '''
    data = []
    # 创建一个Faker对象，用来生成随机数据
    faker = Faker()
    for i in range(100):
        data.append(
            (
                faker.pyint(min_value=1, max_value=30),
                faker.pyfloat(right_digits=1, min_value=.5, max_value=50.5),
            )
        )

    return data

def create_scatter_chart_demo(target_file):
    '''
    生成散点图
    param: target_file: - 保存文件路径
    '''
    wb = Workbook()
    ws = wb.active

    # 获取测试数据
    datas = _create_test_data()
    # 将测试数据插入Sheet
    for row in datas:
```

```python
        ws.append(row)

    # 创建一个散点图对象
    chart = ScatterChart()
    # 设置图形的宽
    chart.width = 16
    # 设置图形的高
    chart.height = 10

    chart.style = 26
    chart.title = '散点图实例'
    # 可以控制不显示 Legend
    chart.legend = None

    # 设置 y 轴的交叉位置
    # 'autoZero', 'max', 'min'
    chart.y_axis.crosses='min'
    # 设置 x 轴的标题
    chart.x_axis.title = 'X 轴值'
    # 设置 y 轴的标题
    chart.y_axis.title = 'Y 轴值'

    # 创建 x 轴的数据选区
    xdata = Reference(ws, min_col=1, min_row=1, max_row=100)
    # 创建 y 轴的数据选区
    ydata = Reference(ws, min_col=2, min_row=1, max_row=100)
    # 根据 x 轴和 y 轴数据选区创建数据系列对象
    series1 = Series(ydata, xdata,title='散点图实例', title_from_data=False)

    # 设置数据点的样式
    # 'circle', 'dash', 'diamond', 'dot', 'picture','plus', 'square',
'star', 'triangle', 'x', 'auto'
    series1.marker.symbol = 'circle'
    # 设置数据点的内部填充颜色
    series1.marker.graphicalProperties.solidFill = "FF0000"
    # 设置数据点的外边框颜色
    series1.marker.graphicalProperties.line.solidFill = "000AFF"

    #关闭数据点之间的连接线
    series1.graphicalProperties.line.noFill = True

    # 设置水平方向的网络线不显示
    chart.y_axis.majorGridlines = None
```

```python
# 设置刻度线与轴线的位置关系
chart.y_axis.majorTickMark = 'cross'

# majorTickMark可以为'cross', 'in', 'out'
chart.x_axis.majorTickMark = 'out'
chart.x_axis.majorGridlines = None

# 将数据系列添加到图对象中
chart.append(series1)

# 将图添加到Sheet中
ws.add_chart(chart, 'D2')

# 保存文件
wb.save(target_file)

if __name__ == '__main__':
    create_scatter_chart_demo('./07/散点图.xlsx')
```

执行上面的代码，将会得到如图 7.22 所示的图形。

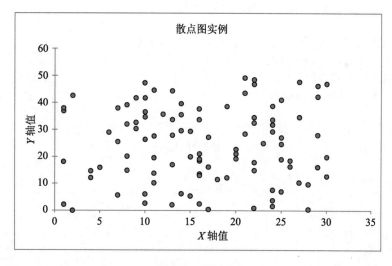

图 7.22　散点图

在上面的实例代码中已经对每行代码添加了非常详细的注释，读者可以根据注释多加练习，对其中的一些属性参数的值进行修改，看看会得到什么效果。这里需要注意的就是对 X 轴和 Y 轴相关属性的设置，如网格线是否显示等。

> 注意：如果想要得到上面这种离散效果的散点图，series.graphicalProperties.line.noFill = True 这行代码很关键，它能让点与点之间没有连接线。

7.7 制作股票图

在进行量化分析时,股票图(StockChart)是常见的一种分析图形。在 Openpyxl 中绘制股票图也是比较简单的。

下面通过实例代码进行讲解(/07/stock_chart_demo.py)。

```python
from openpyxl import load_workbook
from openpyxl.chart import StockChart, Reference, Series
from openpyxl.chart.axis import ChartLines
from openpyxl.chart.updown_bars import UpDownBars

def create_stock_chart(source_file, target_file):
    '''
    创建股票图函数

    param: source_file: - 原始数据 Excel 文件路径
    param: target_file: - 保存文件路径
    '''
    # 加载股票数据的 Excel 文件,生成 Workbook 对象
    wb = load_workbook(source_file)
    # 获取股票数据所在的 Sheet
    data_ws = wb['Sheet1']

    # 创建一个存放 Stock 股票图的 Sheet 对象,位置在其他工作表之前
    chart_ws = wb.create_sheet('股票图',0)

    # 创建 StockChart 对象
    chart = StockChart()
    # 设置图形的宽
    chart.width = 35
    # 设置图形的高
    chart.height = 20
    # 不显示 Legend
    chart.legend = None
    chart.title = '开-高-低-关'

    # 获取股票数据最后一行的行号
    max_row_number = data_ws.max_row

    # 创建数据选区
```

```python
    data = Reference(data_ws, min_col=2, max_col=5, min_row=1, max_row=max_row_number)
    # 将数据添加到图形对象上
    chart.add_data(data, titles_from_data=True)
    # 创建 x 轴 Labels 显示数据选区
    labels = Reference(data_ws, min_col=1, min_row=2, max_row=max_row_number)
    # 将 Labels 添加到图形对象上
    chart.set_categories(labels)

    # 数据选区有 4 列,因此 chart.series 有 4 个元素
    for s in chart.series:
        # 设置每个系列数据的数据点之间不用进行线的连接
        s.graphicalProperties.line.noFill= True
    # 一根 K 线主要包括 K 线实体、上影线和下影线三个部分
    # 将上影线和下影线部分设置为线图
    chart.hiLowLines = ChartLines()
    # 将 K 线实体部分设置为柱形图
    chart.upDownBars = UpDownBars()

    # =====================================================
    # 注意:下面这段代码为固定代码,为了处理 Excel 的一个 Bug
    # Excel is broken and needs a cache of values in order to display hiLoLines :-/
    from openpyxl.chart.data_source import NumData, NumVal
    pts = [NumVal(idx=i) for i in range(len(data) - 1)]
    cache = NumData(pt=pts)
    chart.series[-1].val.numRef.numCache = cache
    # =====================================================

    # 将图形添加到 Sheet 中
    chart_ws.add_chart(chart, 'B2')

    #保存文件
    wb.save(target_file)

if __name__ == '__main__':
    create_stock_chart('./07/000001股票数据.xlsx', './07/股票图形.xlsx')
```

运行上面的代码,将会得到如图 7.23 所示的图形。

提示:股票数据存放在/07/000001 股票数据.xlsx 中。

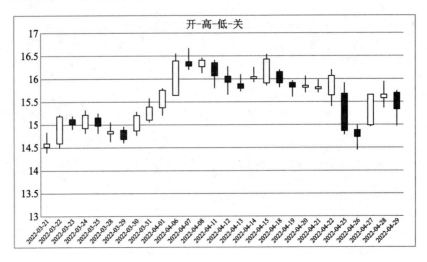

图 7.23 股票图

> 注意：数据选区的数据列的顺序为开-高-低-关。

在上面的代码中还有如下几点需要注意：

- 通过 sheet.max_row 属性可以获取最后一行的行号。
- 遍历 chart.series 属性，目的是让每个 Series 数据系列的数据点之间没有连接 series.graphicalProperties.line.noFill。如果不进行这步操作，图形将多出 4 条线段。
- 需要额外添加 ChartLines 和 UpdownBars 对象，否则会创建一个空白图表。
- 还有一段固定的代码需要添加，用于处理 Excel 的一个 Bug。

> 提示：读者可以自行生成股票数据，也可以根据/07/get_stock_data.py 文件进行修改来获取数据。

7.8 小　　结

本章通过大量的实例讲解了柱形图、折线图、面积图、饼图、甜甜圈图、散点图和股票图的制作过程。

通过本章的学习，读者了解了使用 Openpyxl 制作图形的基本流程，可以熟练使用 Openpyxl 来制作各种图形及美化图形。

在 Openpyxl 中，一组数据对象可以理解为一个 Series 对象，对图形的美化操作也是通过 Series 对象完成的。选区是通过 Reference 对象来创建。掌握 Series 和 Reference 对象的使用是学好 Openpyxl 图表功能的关键。

第 8 章　使用 Openpyxl 制作组合图形

前面几章我们学习了如何制作各种图形。但在实际工作中，一般需要使用多种图形的组合。本章将通过两个图形组合实例来讲解如何通过 Openpyxl 进行多图形的组合制作。

本章的主要内容如下：
- 如何进行组合图形的开发。
- AkShare 的基本使用。

结合前面章节的学习，我们先总结一下使用 Openpyxl 制作图形的一般步骤：

（1）加载或者创建 Workbook 对象，并获取要操作的 Worksheet 对象。

（2）在 Sheet 中插入数据。

（3）创建图形对象，如 LineChart、AreaChart 和 StockChart 等。

（4）使用 Reference 对象创建数据选区，并通过图形对象的 chart.add_data()方法将其添加到图形对象上。

（5）使用 Reference 对象创建 X 轴或横轴的 label 选区，并通过图形对象的 chart.set_categories()方法将其添加到图形对象上。

（6）通过 Series 对象来管理数据选区。

（7）设置图形的样式和大小等。

（8）通过 Sheet 对象的 sheet.add_chart()方法将图形对象添加到 Sheet 对象中。

（9）保存文件。

8.1　制作组合柱形图和折线图

组合图形的绘制与前面学习的单个图形的绘制过程基本一致，但是需要考虑图形的 Y 轴的位置，因为不同图形代表的数据类型也是不一样的，从而导致 Y 轴可能会有不同的数据含义。因此一般需要单独进行 Y 轴的设置。

8.1.1 数据准备

本实例用于展示糖和木材 1~7 月份的产量数据。先创建一个函数，用来提供假设数据，并将假设数据插入工作表 Sheet，供后面绘制图形使用（/08/组合柱形图和折线图.py）。

```
def insert_test_data_to_sheet(ws):
    '''
    提供假设数据并将数据插入工作表的函数中
    :param ws: - Sheet 对象
    :type ws: openpyxl.worksheet.worksheet.Worksheet
    '''

    # 假设数据
    rows = [
        ['月 份', '木材', '糖'],
        ['1 月', 10000, 10],
        ['2 月', 15002, 30],
        ['3 月', 30000, 50],
        ['4 月', 9500, 35],
        ['5 月', 21000, 25],
        ['6 月', 12352, 45],
        ['7 月', 32009, 90],
    ]
    # 将数据插入工作表对象 ws 中
    for r in rows:
        ws.append(r)
```

8.1.2 绘制木材产量折线图

木材产量的数据在第 2 列，折线图的绘制方法在前面的章节中已经讲过，相对比较简单，来看下面的代码（/08/组合柱形图和折线图.py）：

```
from openpyxl.chart import LineChart, Reference


def create_line_chart(ws):
    '''
    绘制木材首日折线图函数
    :param  ws: - Sheet 对象
    :type   ws: openpyxl.worksheet.worksheet.Worksheet
    '''
    # 创建一个折线图 LineChart 对象
```

```python
    line = LineChart()

    # 创建数据选区，木材产量数据用折线图来展示
    data = Reference(ws, min_col=2, min_row=1, max_row=7)
    # 将数据添加到图形上
    line.add_data(data, titles_from_data=True)

    # 创建横轴 labels 选区
    labels = Reference(ws, min_col=1, min_row=2, max_row=7)
    # 将 labels 添加到图形上
    line.set_categories(labels)

    # 让折线图的 y 轴显示刻度位于图形的右侧
    line.y_axis.crosses = 'max'
    # 不显示折线图的网格线
    line.y_axis.majorGridlines = None
    # 设置折线图 y 轴显示的 title
    line.y_axis.title = '木材产量(棵)'
    # 设置 y 轴数字的格式
    line.y_axis.number_format = '#,##0'

    #返回折线图对象
    return line
```

通过设置折线图的 line.y_axis.crosses = 'max'，让 Y 轴显示在右侧。设置 line.y_axis.majorGridlines = None，表示不显示网格线。

8.1.3 绘制糖产量柱形图

糖产量的数据在第 3 列。柱形图的绘制在前面的章节中也讲解得很详细了，下面直接来看代码（/08/组合柱形图和折线图.py）。

```python
from openpyxl.chart import BarChart, Reference

def create_bar_chart(ws):
    '''
    绘制糖产量柱形图函数
    :param ws: - Sheet 对象
    :type   ws: openpyxl.worksheet.worksheet.Worksheet
    '''
    # 创建一个柱形图 BarChart 对象
    bar = BarChart()
```

```
# 创建数据选区,糖产量数据用折线图来展示
data = Reference(ws, min_col=3, min_row=1, max_row=7)
# 将数据添加到图形上
bar.add_data(data, titles_from_data=True)

# 创建横轴 labels 选区
# labels = Reference(ws, min_col=1, min_row=2, max_row=7)
# 将 labels 添加到图形上
# bar.set_categories(labels)

# 显示第二个 y 轴,如果不设置,则不会显示
bar.y_axis.axId = 200
# 设置不显示网格线
bar.y_axis.majorGridlines = None
# 设置柱形图 y 轴显示的 title
bar.y_axis.title = '糖产量(万吨)'

# 返回柱形图对象
return bar
```

> **注意**:必须设置 bar.y_axis.axId,如果不设置,则不会显示柱形图,并且 bar.y_axis.axId 的值在组合图形中不能重复。

8.1.4 "组装"形图

准备好图形后,"组装"图形在 Openpyxl 中也是很简单的。定义函数 create_line_bar_chart()用来组装图形(/08/组合柱形图和折线图.py)。

```
def create_line_bar_chart(file_path):
    '''
    绘制木材产量和糖产量图形函数
    :param  file_path: - 文件保存路径
    :type   file_path: str
    '''

    # 创建 Workbook 对象
    wb = Workbook()
    # 获取活动工作表 Sheet
    ws = wb.active

    # 插入测试数据
    insert_test_data_to_sheet(ws)
```

```
# 绘制折线图
chart = create_line_chart(ws)
# 绘制柱形图
bar_chart = create_bar_chart(ws)

# 让两个图形叠加在一起
chart += bar_chart

# 设置图形的宽和高
chart.width = 25
chart.height = 13

# 设置图形的样式
chart.style = 26

# 设置图形的title
chart.title = '月度产量'
# 设置图形的横轴title
chart.x_axis.title = '月　份'

# 将叠加后的图形添加到工作表中
ws.add_chart(chart, anchor= 'E2')

# 保存文件
wb.save(file_path)
```

绘制组合图形非常简单，通过"+="进行赋值即可，如 chart += bar_chart。需要注意一点，在第 2 个图形中需要设置 bar.y_axis.axId 的值，否则第 2 个图形不会显示。

```
if __name__ == "__main__":
    create_line_bar_chart('./08/组合柱形图和折线图.xlsx')
```

运行上面的代码会得到如图 8.1 所示的组合图形。

对于折线图（显示木材产量）来说，除了创建数据选区和横轴 label 选区之外，还对 Y 轴进行了如下设置：

- 通过设置 line.y_axis.crosses = 'max' 使 Y 轴显示在右侧。crosses 可以设置为 autoZero、min 或 max。其中，min 表示左侧。autoZero 根据横轴的"0"点进行选择。
- 通过设置 line.y_axis.number_format 属性来控制 Y 轴刻度数字的显示格式。
- 通过 line.y_axis.title 属性设置 Y 轴 title 的显示内容。
- 通过设置 line.y_axis.majorGridlines=None 来隐藏网格线。

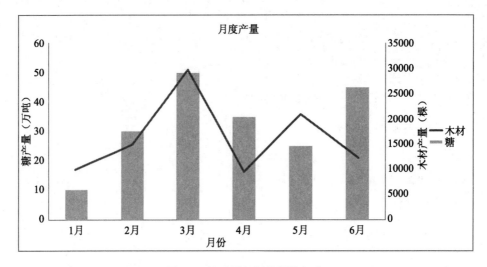

图 8.1 柱形图与折线图的组合

🔔**注意**：由于木材产量和糖产量的数字单位是不一样的，所以需要两根 Y 轴分别进行显示。

对于柱形图（显示糖产量）来说，因为其与折线图共用横轴，所以不需要再创建横轴选区。另外，它有一个非常重要的设置：bar.y_axis.axId = 200，表示柱形图的 Y 轴 ID。在需要显示第二根 Y 轴时，必须要设置 axId 属性，如果不设置，则不会显示图形，这一点在制作多图形组合时需要特别注意。

🔔**注意**：由于多图形组合时都有各自的水平网格线，如果都显示出来则会非常乱，建议都不显示，或者根据实际情况选择显示一个图形的水平网格线。通过设置 chart.y_axis.majorGridlines = None 可以隐藏网格线。

创建完两个图形之后，在 create_line_bar_chart() 函数中，通过 line_chart += bar_chart 将两个图形"叠加"在一起，组成"一个"图形，然后添加到 Sheet 上。

8.2 制作组合股票图、柱形图和折线图

在各种证券交易软件或者网站中，StockChart、BarChart 和 LineChart 三种图形的组合是最常见的。这三种图形的组合也是量化交易或者量化分析人员经常使用的组合图形。

8.2.1 数据准备

在前面章节的实例中，要么是从现有文件中读取数据，要么是通过 Faker 库随机生成

数据。本节使用的数据将从互联网上进行获取。

本节采用 AkShare 库来获取股票数据。AkShare 库是一个开源的金融数据接口库，它提供的数据种类非常丰富，如股票、期货、基金和外汇等。AkShare 不能直接在 Anaconda 软件中进行安装，其官网提供的安装建议如下：

（1）通用的安装方式：

```
pip install akshare --upgrade
```

（2）国内安装之 Python：

```
pip install akshare -i http://mirrors.aliyun.com/pypi/simple/ --trusted-host=mirrors.aliyun.com --upgrade
```

（3）国内安装之 Anaconda：

```
pip install akshare -i http://mirrors.aliyun.com/pypi/simple/ --trusted-host=mirrors.aliyun.com --user --upgrade
```

由于本书建议读者使用 Anaconda，所以读者可以选择上面的第 3 种方式进行安装即可。

☎提示：AkShare 的 GitHub 地址为 https://github.com/akfamily/akshare，其官网地址为 https://akshare.readthedocs.io。

AkShare 对每种类型数据的获取及每个函数的使用都有很详细的注释，因此使用起来非常容易上手。读者可以在其官网上根据自身需要去查阅相关的文档。本节使用 stock_zh_a_hist()方法只需要获取以天为单位的股票数据。

使用 AkShare 库将需要的数据保存到本地文件中（读者也可以将数据保存到数据库中），通过 AkShare 得到的数据为 Pandas.DataFrame 对象。在后面的章节中会介绍 Pandas 库的基本使用，这里读者只需要先记住就行（/08/股票数据组合图形.py）。

```
    def get_stock_daily_datas(symbol, start_date, end_date):
        """
        获取指定股票代码的股票数据，并将数据保存到文件中
        :param  symbol: 股票代码，如 000001
        :type   symbol: str
        :param  start_date: 开始日期，如：20220101
        :type   start_date: str
        :param  end_date: 结束日期，如：20220504
        :type   end_date: str
        """

        # 根据 AkShare 库获取数据
        df = ak.stock_zh_a_hist(symbol, start_date=start_date, end_date=
```

```
    end_date)

# 将获取的数据保存为 Excel 文件,只取其中的"日期","开盘","最高","最低","收盘","成交
# 量"数据
    df.to_excel(f'./08/stock_datas/{symbol}_daily.xlsx',sheet_name=symbol,
        index=False,columns=["日期","开盘","最高","最低","收盘","成交量"])
```

执行下面的代码,得到如图 8.2 所示的数据。

```
if __name__ == '__main__':
    get_stock_daily_datas('000001', '20220401', '20220501')
```

	A	B	C	D	E	F
1	日期	开盘	最高	最低	收盘	成交量
2	2022-04-01	15.37	15.79	15.2	15.75	1484879
3	2022-04-06	15.64	16.54	15.63	16.39	2488540
4	2022-04-07	16.38	16.66	16.2	16.28	1659065
5	2022-04-08	16.26	16.45	16.13	16.4	1066779
6	2022-04-11	16.35	16.4	15.8	16.05	1416735
7	2022-04-12	16.05	16.26	15.66	15.92	1039261
8	2022-04-13	15.89	16.08	15.72	15.8	890628
9	2022-04-14	16	16.25	15.92	16.04	929615
10	2022-04-15	15.9	16.53	15.86	16.42	1231761
11	2022-04-18	16.15	16.2	15.81	15.9	1086888
12	2022-04-19	15.9	15.97	15.62	15.81	821772
13	2022-04-20	15.81	16.05	15.7	15.85	716555
14	2022-04-21	15.77	15.98	15.7	15.81	709891
15	2022-04-22	15.64	16.19	15.4	16.06	921274
16	2022-04-25	15.67	15.91	14.78	14.85	1664481
17	2022-04-26	14.88	14.98	14.45	14.73	988210
18	2022-04-27	14.98	15.65	14.96	15.65	1490295
19	2022-04-28	15.57	15.93	15.37	15.65	911772
20	2022-04-29	15.69	15.74	14.97	15.32	1645013
21						

图 8.2 通过 AkShare 获取的股票数据

> 注意:在 to_excel()方法中,columns 属性的各价格的位置关系为开-高-低-关。

8.2.2 绘制股价图

前面章节已经非常详细地讲解了股票图的绘制流程。这里定义了一个 create_stock_chart(ws, max_row_number)函数来绘制股价图,其中,max_row_number 表示数据的最大行号(./08/股票数据组合图形.py)。

```python
from openpyxl.chart import Reference,StockChart
from openpyxl.chart.axis import ChartLines
from openpyxl.chart.updown_bars import UpDownBars
def create_stock_chart(ws, max_row_number) -> StockChart:
    """
    绘制股价函数
    :param  ws: 数据所在的 Sheet 工作表
    :type   ws: openpyxl.worksheet.worksheet.Worksheet
    :param  max_row_number: 数据的最大行号
    :type   max_row_number: int
    :return StockChart 对象
    :rtype  openpyxl.chart.StockChart
    """

    # 创建股价图 StockChart 对象
    chart = StockChart()

    # 设置 y 轴的 title
    chart.y_axis.title = '价格'

    # 创建数据选区
    data = Reference(ws, min_col=2, max_col=5, min_row=1, max_row=max_row_number)
    # 将数据选区添加到图形对象上,titles_from_data=True 表示数据第 1 行为 title
    chart.add_data(data, titles_from_data=True)

    # 创建横轴 label 选区
    labels = Reference(ws, min_col=1, min_row=2, max_row=max_row_number)
    # 将横轴 label 选区添加到图形对象上
    chart.set_categories(labels)

    # 遍历图形的 series 列表,并设置各数据点之间没有连接线
    for s in chart.series:
        s.graphicalProperties.line.noFill = True

    # 设置上影线和下影线部分为线图
    chart.hiLowLines = ChartLines()
    # 设置 K 线实体部分为柱形图
    chart.upDownBars = UpDownBars()

    # ========================================================
    # 注意:下面这段代码为固定代码,为了处理 Excel 中的一个 Bug
    # Excel is broken and needs a cache of values in order to display
```

```
hiLoLines :-/
    from openpyxl.chart.data_source import NumData, NumVal
    pts = [NumVal(idx=i) for i in range(len(data) - 1)]
    cache = NumData(pt=pts)
    chart.series[-1].val.numRef.numCache = cache
    # ====================================================


    # 返回股价图形对象
return chart
```

> 注意：再次强调一下 Excel 本身存在的一个问题，处理它的固定代码一定要加上。

8.2.3 绘制收盘价折线图

将每日的收盘价连接成线可以表示股价的趋势。收盘价其实也是股价图的一个成员，因此收盘价折线图与股价图共用 Y 轴数据（/08/股票数据组合图形.py）。

```
from openpyxl.chart import Reference, LineChart
from openpyxl.drawing.line import LineProperties

def create_close_line_chart(ws, max_row_number) -> LineChart:
    """
    绘制收盘价折线图函数
    :param  ws: 数据所在的 Sheet 工作表
    :type   ws: openpyxl.worksheet.worksheet.Worksheet
    :param  max_row_number: 数据的最大行号
    :type   max_row_number: int
    :return LineChart 对象
    :rtype  openpyxl.chart.LineChart
    """

    # 创建折线图对象
    chart = LineChart()

    # 创建数据选区，只需要选择收盘价的数据即可
    data = Reference(ws, min_col=5, min_row=1, max_row=max_row_number)
    # 将数据选区添加到图形上
    chart.add_data(data, titles_from_data=True)

    # 设置图形的 y 轴 ID，此值必须要设置，并且在所绘制的组合图形中不能重复
    chart.y_axis.axId = 300
    # 设置图形的水平网格线不显示
```

```
chart.y_axis.majorGridlines = None
# 删除图形的 y 轴,并与股价图共用 y 轴
chart.y_axis.delete = True

# 创建 LineProperties 对象,用来设置线段的颜色,并将其宽度设置为最小
lineProperties = LineProperties(solidFill='ff0000', w=1)
# 从 Chart 的 Series 列表对象中取出第一个 Series 对象
s = chart.series[0]
# 设置线段的 LineProperties 属性对象
s.graphicalProperties.line= lineProperties
# 设置线条光滑(根据需要进行设置)程度
# s.smooth = True

# 返回图形对象
return chart
```

由于与股价图共用 Y 轴,所以设置 chart.y_axis.delete = True,删除折线图的 Y 轴。通过 LineProperties 对象设置线的宽度和颜色,并将 LineProperties 对象赋值给 Series 对象的 graphicalProperties.line 属性。前面章节讲解过,图形的大部分样式都在 Series 上进行设置。如果想让线条平滑,可以通过 Series.smooth 属性进行设置。

> **注意**:在折线图中设置了 chart.y_axis.axId = 300,如果不设置 axId 属性,图形将不会显示,并且 axId 属性在组合图形中不能重复。

8.2.4 绘制成交量柱形图

在证券交易软件中,成交量基本上是采用柱形图来展示。由于成交量的值与股价值是两个完全不同的概念,所以对于成交量图需要设置单独的 Y 轴(/08/股票数据组合图形.py)。

```
def create_volume_bar_chart(ws, max_row_number) -> BarChart:
    """
    绘制成交量柱形图函数
    :param  ws: 数据所在的 Sheet 工作表
    :type   ws: openpyxl.worksheet.worksheet.Worksheet
    :param  max_row_number: 数据的最大行号
    :type   max_row_number: int
    :return BarChart 对象
    :rtype  openpyxl.chart.BarChart
    """
```

```python
# 创建柱形图对象
chart = BarChart()

# 创建成交量的数据选区对象
data = Reference(ws, min_col=6, min_row=1, max_row=max_row_number)
# 将数据选区添加到图形上
chart.add_data(data,titles_from_data=True)

# 设置图形的 y 轴 ID
chart.y_axis.axId = 200
# 设置图形的水平网格线不显示
chart.y_axis.majorGridlines = None
# 使图形的 y 轴显示在右侧
chart.y_axis.crosses = 'max'
# 设置 y 轴数值的显示格式
chart.y_axis.number_format='#,##0'
# 设置 y 轴的 title
chart.y_axis.title = '成交量'

# 返回 BarChart 对象
return chart
```

成交量柱形图的代码与在前面章节中学习的柱形图的绘制代码基本相同。但需要注意的是本例中设置了 chart.y_axis.axId = 200，如果不设置，柱形图将不会显示，并且通过设置 chart.y_axis.crosses = 'max'，让柱形图的 Y 轴显示在右侧。

8.2.5 "组装"图形

有了数据和图形，现在就可以对它们进行"组装"了。下面按照前面的讲解步骤，以 StockChart 图形为基础进行组装（/08/股票数据组合图形.py）。

```python
from openpyxl import load_workbook

def create_daily_stock_chart(symbol):
    """
    绘制股票组合图形函数
    :param    symbol: 股票代码, 如：000001
    :type     symbol: str
    """

    # 拼接指定股票代码的股票数据文件路径
    file_path = f'./08/stock_datas/{symbol}_daily.xlsx'
```

```python
    # 判断股票数据文件是否存在，如果不存在，则打印提示信息，并终止程序继续执行
    if not os.path.exists(file_path):
        print(f'文件:{file_path}不存在,请确认文件是否已经创建！')
        return

    # 加载包含下载的股票数据的 Excel 文件，创建 Workbook 对象
    wb = load_workbook(file_path)
    # 获取工作表 Sheet，将数据保存为以股票代码为名称的工作表
    ws = wb[symbol]

    # 获取最后一行数据的行号
    max_row_number = ws.max_row

    # 创建股价图形对象 StockChart
    chart = create_stock_chart(ws, max_row_number)
    # 创建收盘价图形对象 LineChart，并将它"组装"到股价图形上
    chart += create_close_line_chart(ws, max_row_number)
    # 创建成交量图形对象 BarChart，并将它"组装"到股价图形上
    chart += create_volume_bar_chart(ws, max_row_number)

    # 设置图形的宽
    chart.width = 30
    # 设置图形的高
    chart.height = 17

    # 将"组装"好的图形对象添加到 Sheet 工作表中
    ws.add_chart(chart, 'G2')

    # 保存文件
    wb.save(file_path)
```

由于获取数据可以单独进行，所以在加载文件时通过 os.path.exists()方法先对文件是否存在进行判断，如果文件存在，则继续执行后面的代码；如果文件不存在，则表示获取数据未成功，结束程序。

通过 ws.max_row 属性获取最后一行数据的行号，即数据行的最大行号，其用于创建动态数据选区。

在"组装"图形时，使用"+="进行图形的创建和叠加，在 Openpyxl 中不同图形的叠加是非常简单的。

图形"组装"完成之后，执行如下代码，得到如图 8.3 所示的图形。

```python
if __name__ == '__main__':
    # 获取股票代码为 000001，日期段为 2022/04/01-2022/05/01 的股票数据
```

```
    get_stock_daily_datas('000001', '20220401', '20220501')
    # 根据下载的数据绘制组合图形
    create_daily_stock_chart('000001')
```

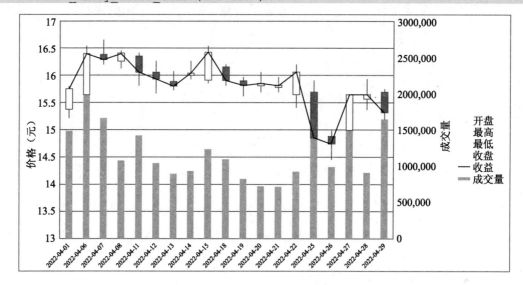

图 8.3 股票数据组合图形

> 注意：如果要设置图形的 title，可以在基础图形上进行设置，最好是在组装之后的总图上进行设置，这样会比较清晰。

至此，股票数据的组合图形就绘制完毕了。读者可以根据前面学习的知识对图形进行一些样式调整。完整的代码可以查看/08/股票数据组合图形.py。

8.3 小　　结

本章通过两个比较有代表性的组合图形的开发，讲解了在实际工作中如何使用 Openpyxl 绘制各类组合图形，并指出了在组合图形过程中的注意事项，如设置 axId 属性、水平网格线的显示等。

本章还介绍了一个非常好用的库——AkShare。它提供了非常丰富的数据及非常好用的 API 接口。很多金融方面的数据，不需要我们再去采集、整理，直接使用 AkShare 即可，这样开发人员可以把精力集中在业务上。

如果读者是一步一步跟着本章的内容学习和练习的，那么，至此你应该可以使用 Openpyxl 来处理绝大部分 Excel 方面的需求了。如果读者想更深入地学习 Openpyxl 的使用，可以多去查看 Openpyxl 的源码，这样会对它有更深入的理解。

第 9 章　Openpyxl 灵魂伴侣——Pandas

前面章节使用的实例数据都比较简单，不需要进行复杂的处理，数据量也比较小。但在一些实际场景中，需要对数据进行非常复杂的加工处理。当数据量非常大时，一般都会使用 Pandas 库。

在工作中，推荐使用 Pandas 库对数据进行加工处理，然后将处理好的数据交给 Openpyxl，由它生成各种报表和图表供需求方使用。

本章讲解 Pandas 与 Openpyxl 比较常用的互操作功能，如果读者对 Pandas 有兴趣或者想从事数据分析和数据处理等相关工作，那么 Pandas 就是必须要熟练掌握的工具之一。

9.1　Pandas 简介

Pandas 是建立在 Python 编程语言基础上的一个高性能、灵活且易于使用的开源数据分析和操作工具库。它广泛应用在学术、金融和统计学等各个数据分析领域。

9.1.1　安装 Pandas

如果读者使用的是 Anaconda，那么安装好 Anaconda 之后就已经默认安装了 Pandas 库。可以按前面章节介绍的方法查看 Pandas 的版本号或者更新内容。

如果读者没有使用 Anaconda，那么安装 Pandas 也非常简单。执行如下命令即可安装 Pandas，前提是计算机需要联网。

```
pip install pandas
```

检查本机是否成功安装 Pandas，以及查看其版本号信息的命令如下：

```
>>> import pandas          # 如果执行导入 Pandas 命令时不报错，则表示 Pandas 安装成功
>>> pandas.__version__     # 查看版本信息
```

在实际使用中，我们经常使用以下导入命令：

```
import pandas as pd        # 一般使用 pd 简写来表示 Pandas
```

9.1.2 Pandas 的两个利器

Pandas 的两种主要数据结构是 Series 和 DataFrame。

Series 是一种类似于一维数组的对象，它由一组数据（各种 NumPy 数据类型）及一组与数据相关的数据标签（即索引）组成。仅由一组数据也可以产生简单的 Series 对象。

Series()函数的一般形式如下：

```
Series(data, index, dtype, name, copy=False)
```

参数说明：

- data：数据，支持 Python 字典、NumPy 的 ndarray 及常量（如 10）。
- index：数据索引标签，如果不指定，默认从 0 开始。
- dtype：数据类型，默认 Pandas 会自行判断。
- name：设置创建的 Series 对象名称。
- copy：复制数据，默认为 False。

下面列举几个 Series 对常见的数据类型的操作。

（1）通过数组创建 Series 对象，代码如下：

```
import pandas as pd
import numpy as np

a = [10, 20, 30]
arr = pd.Series(a)
print(arr)

arr2 = pd.Series(np.random.randn(3), index=['x', 'y', 'z'])
print(arr2)
```

执行上面的代码，输出结果如图 9.1 所示。

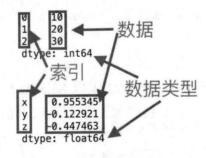

图 9.1 数组和多维数组的运行结果

第 9 章　Openpyxl 灵魂伴侣——Pandas

> 注意：对于数组和多维数组，如果提供了索引，则 index 的长度必须与 data 的长度一致。

> 提示：NumPy 是一个运行速度非常快的数学库，主要用于数组计算。Pandas 也是基于 NumPy 的。

（2）通过字典创建 Series 对象，代码如下：

```
import pandas as pd

d = {10: 'Apple', 20: 'Google', 30: 'Tesla'}
# 未指定 index 索引时，默认会使用字典的 key 作为索引
p_d = pd.Series(d)
print(p_d)

p_d2 = pd.Series(d, index= [20, 30, 40])
print(p_d2)
```

执行上面的代码会输出如图 9.2 所示的结果。

> 注意：对于字典，当指定了索引（index）时，只会将字典中的 key 在索引中的数据添加到 Series 中。如果索引不在字典的 key 中，此索引对应的值将会是 NaN。

（3）通过常量创建 Series 对象，代码如下：

```
import pandas as pd

p = pd.Series(10, index=['x', 'y', 'z'])
print(p)
```

执行上面的代码，输出结果如图 9.3 所示。

```
10      Apple
20      Google
30      Tesla
dtype: object


20      Google
30      Tesla
40      NaN
dtype: object
```

图 9.2　字典的运行结果

```
x    10
y    10
z    10
dtype: int64
```

图 9.3　常量的运行结果

> 注意：当 data 为常量时，必须提供索引。Series 会按索引的长度重复该常量的值。

DataFrame 是一种二维的表格型数据结构,它含有一组有序的列,每列可以有不同的值类型(数值、字符串和布尔型等)。DataFrame 既有行索引也有列索引,可以看作由 Series 组成的字典。DataFrame 是最常用的 Pandas 对象。

DataFrame 支持多种数据类型,如 np.ndarray、Series、list 和 dict 等。除了数据 data 之外,还可以选择给 DataFrame 传递 index(索引或行标签)和 columns(列标签)。DataFrame 与 Excel 工作表的 Sheet 结构非常相似,Sheet 的行号就相当于 index,列号相当于 columns,中间的表格相当于 data。

下面通过实例来讲解几种常用的 DataFrame 数据的创建。

(1)通过数组创建 DataFrame 对象,代码如下:

```
import pandas as pd

data = [['张三', 28],['李四', 25],['王五', 30]]
# 不指定 index 和 columns
df = pd.DataFrame(data)
print(df)
#输出如下
    0   1
0  张三  28
1  李四  25
2  王五  30

# 指定 index 和 columns
df2 = pd.DataFrame(data, columns=['姓名', '年龄'])
print(df2)
#输出如下
   姓名  年龄
1  张三  28
2  李四  25
3  王五  30
```

(2)通过 Series 创建 DataFrame 对象,代码如下:

```
import pandas as pd

data = {
    '第1列': pd.Series([10,20,30], index=['x', 'y', 'z']),
    '第2列': pd.Series(['Red', 'Black', 'Blue', 'White'],
index=['x','y','z','t'])
}

# 未指定 index 和 columns
```

```
df = pd.DataFrame(data)
print(df)
#输出如下
    第1列    第2列
t   NaN    White
x   10.0   Red
y   20.0   Black
z   30.0   Blue

# 指定了 index 和 columns,并且 columns 多了一个"第 3 列"
df2 = pd.DataFrame(data, index=['x','z','o'], columns=['第1列','第2列',
'第3列'])
print(df2)
#输出如下
    第1列    第2列    第3列
x   10.0   Red    NaN
z   30.0   Blue   NaN
o   NaN    NaN    NaN

# 访问 DataFrame 的 index 和 columns
print(df2.index)        输出: Index(['x', 'z', 'o'], dtype='object')
print(df2.columns)      输出: Index(['第1列', '第2列', '第3列'],
                        dtype='object')
```

> 注意:如果指定了 index 和 columns,则只会将存在 index 和 columns 的数据放到 DataFrame 中,不存在的会以 NaN 表示。

(3)通过字典创建 DataFrame 对象,代码如下:

```
data = {
    '张三':[100, 80, 99],
    '李四':[89, 90, 97]
}
df = pd.DataFrame(data, index=['语文', '数学', '英语'])
print(df)

#输出如下
      张三   李四
语文   100   89
数学   80    90
英语   99    97
```

> 提示：通过数据创建 DataFrame 的方式非常多且很灵活，由于本书并不是以讲 Pandas 为主，所以这里只是起抛砖引玉的作用。如果读者希望更深入、更专业地学习 Pandas，可以通过 Pandas 的官网文档或网络上的其他资料进行学习。

9.2　从 Pandas 中获取数据

本节介绍几种常见的从 Pandas 中获取数据的方法，分别是通过指定列获取、以"[:]"方式获取，以及通过 loc()、iloc()、at()和 iat()函数获取。

9.2.1　创建测试的 DataFrame 数据

首先创建一个用来进行测试的 DataFrame 数据对象（/09/从 Pandas 中获取数据.py）。

```python
import pandas as pd
import numpy as np

def _create_test_data() -> pd.DataFrame:
    """
    创建用来进行测试的 DataFrame 数据
    :return: 返回 DataFrame 对象
    """
    # 创建一个 10 行、5 列的 numpy.ndarray 二维数组，其中的数据是随机的
    data = np.random.randn(10, 5)
    # print(data)

    # 创建一个时间索引序列，长度为 10，默认以天（D）为单位
    indexs = pd.date_range('20220501', periods=10)
    # print(indexs)

    # 创建列标签
    columns = list('ABCDE')

    # 根据数据创建 DataFrame 对象
    df = pd.DataFrame(data, index=indexs, columns=columns)

    # 返回创建的 DataFrame 对象
    return df
```

运行上面的代码，得到以下结果：

	A	B	C	D	E
2022-05-01	0.493901	2.381652	-1.286790	0.470341	0.376971
2022-05-02	-0.106640	1.094407	-0.314422	1.632416	-1.045539
2022-05-03	1.738120	1.664873	0.062774	-1.311189	-0.378731
2022-05-04	-0.806004	0.548815	-0.583599	0.706699	0.505533
2022-05-05	0.902110	-0.449619	0.040873	-0.637270	1.172849
2022-05-06	-0.132623	0.967710	0.569452	-0.863727	0.285374
2022-05-07	0.008044	-1.156685	-0.203344	-1.138881	1.633999
2022-05-08	0.086355	2.130472	-0.282367	-0.065025	0.464043
2022-05-09	1.245274	-0.447661	0.197544	-0.292437	1.087366
2022-05-10	-1.646806	0.990508	0.406027	-0.039882	-0.335705

注意：由于具体数值为随机生成，读者运行时可能会不一样。

9.2.2 通过指定列获取数据

通过指定 DataFrame[列标签号]获取一整列的数据。

```
# 获取单列数据，返回一个Series对象
ds = df['B']
print(ds)
```

运行上面的代码，得到如下结果：

```
2022-05-01    2.381652
2022-05-02    1.094407
2022-05-03    1.664873
2022-05-04    0.548815
2022-05-05   -0.449619
2022-05-06    0.967710
2022-05-07   -1.156685
2022-05-08    2.130472
2022-05-09   -0.447661
2022-05-10    0.990508
Freq: D, Name: B, dtype: float64
```

注意：通过这种方式返回的数据是一个 Series 对象。

9.2.3 通过[:]方式获取行数据

可以通过传递数据的行标签或者"行号"来获取行数据：

```
# 通过传递行标签来获取多行数据，返回一个 DataFrame 对象
ds = df['20220502':'20220504']
print(ds)
```

运行上面的代码，得到以下返回数据：

	A	B	C	D	E
2022-05-02	-0.106640	1.094407	-0.314422	1.632416	-1.045539
2022-05-03	1.738120	1.664873	0.062774	-1.311189	-0.378731
2022-05-04	-0.806004	0.548815	-0.583599	0.706699	0.505533

注意：df['20220502':'20220504']获取的数据包括'2022-05-02'和'2022-05-04'的数据。

```
#[1:4] 表示的数学含义为[1,4)
ds = df[1:4]
print(ds)
```

运行上面的代码，得到以下返回数据：

	A	B	C	D	E
2022-05-02	-0.106640	1.094407	-0.314422	1.632416	-1.045539
2022-05-03	1.738120	1.664873	0.062774	-1.311189	-0.378731
2022-05-04	-0.806004	0.548815	-0.583599	0.706699	0.505533

9.2.4　通过 loc()和 iloc()函数获取数据

loc()和 iloc()函数的区别在于：loc()函数可以使用切片和名称（index，columns），也可以切片和名称混用，但不能使用不存在的索引来充当切片取值；而 iloc()函数只能使用整数来取数，iloc()函数中的 i 可以看作 int 的意思，表示只能使用数字 int 来获取数据。

知道了 loc()和 iloc()函数的区别之后，我们来看几个实例感受一下二者在使用上的区别：

（1）获取某一行的数据。

```
# 获取一行的数据，返回一个 Series 对象
ds = df.loc['20220502']      # 通过传递一行的行标签 index 来获取数据
# 使用 iloc 获取同样的数据
# ds = df.iloc[1]             # 通过传递行数据所在的"行号"来获取数据（行号从 0 开始）
print(ds)
```

运行上面的代码，将会得到如下返回数据，返回的数据类型为 Series 对象。

```
A   -0.106640
B    1.094407
C   -0.314422
D    1.632416
E   -1.045539
Name: 2022-05-02 00:00:00, dtype: float64
```

(2) 获取某一列的数据。

```
# 获取一列的数据，返回一个 Series 对象
ds = df.loc[:,'A']                # 获取列标签为 A 列的数据
# 使用 iloc 获取同样的数据
# ds = df.iloc[:,0]               # 传递 A 列所在的"行号"获取数据
print(ds)
```

> 注意：loc()和 iloc()函数使用","来区分行和列的参数，前面为行参数，后面为列参数。

运行上面的代码，将会得到如下数据：

```
2022-05-01    0.493901
2022-05-02   -0.106640
2022-05-03    1.738120
2022-05-04   -0.806004
2022-05-05    0.902110
2022-05-06   -0.132623
2022-05-07    0.008044
2022-05-08    0.086355
2022-05-09    1.245274
2022-05-10   -1.646806
Freq: D, Name: A, dtype: float64
```

> 注意：当只返回一列数据时，返回的数据对象为 Series。

(3) 通过指定的行和列获取多行数据。

```
# 获取指定列标签的多行数据，返回一个 DataFrame 对象
ds = df.loc['20220503':'20220504', ['A', 'C']]
# ds = df.iloc[2:4, [0, 2]]       # 注意"列号"使用了[]，因为不是不连续的列
print(ds)
```

运行上面的代码，将会得到如下数据：

```
                   A         C
2022-05-03    1.738120   0.062774
2022-05-04   -0.806004  -0.583599
```

> 注意：如果获取的行或者列不是连续的，则需要使用中括号（[]）来代替切片的方式，并在中括号中列出需要选择的行和列的标签或者行号和列号。

(4) 通过指定的行和列获取单个数值。

```
# 获取指定位置上的数据值
ds = df.loc['20220503', 'A']
```

```
ds = df.iloc[2, 0]
print(ds)
```

运行上面的代码，将会得到如下数据：

```
1.7381201178044952
```

> 注意：传递单个行标签或者列标签与 Excel 的行列相交处的单元格一样，只返回单个数值，并且数值的类型为 NumPy 数据类型，因为 Pandas 是基于 NumPy 库的。例如，上面的例子返回的数据类型为 numpy.float64。

9.2.5 通过 at() 和 iat() 函数获取数据

at() 和 iat() 函数一般用来获取某个确定位置上的数值。iat() 函数只能通过行号和列号来取值。

```
# 获取指定位置上的数据值
ds = df.at['20220503', 'A']
# ds = df.iat[2, 0]          # 通过 iat()函数传递行号和列号同样可以获取同一个数值
print(ds)

# 下面通过 loc()、iloc()、at()和 iat()函数的组合来获取同一个数值
# ds = df.loc['20220503'].at['A']
# ds = df.iloc[2].at['A']
# ds = df.iloc[2].iat[0]
```

运行上面的代码，将会得到如下数据：

```
1.7381201178044952
```

> 注意：可以组合使用 at()、iat()、loc() 和 iloc() 等函数来达到获取数据的目的。

在 Pandas 中对数据的操作是非常灵活和多样的，这里只介绍了几种比较常用的取值方法，读者可以更加深入地学习 Pandas。

9.3 使用 Pandas 操作 Excel 文件

使用 Pandas 操作 Excel 文件也是非常方便的。本节将讲解两个使用频率非常高的操作 Excel 文件的函数，即 read_excel() 读取 Excel 文件函数和 to_excel() 写 Excel 文件函数。

9.3.1 将工作表转换为 DataFrame

read_excel()函数能够非常方便地将 Excel 文件读取到内存中，并转换为 DataFrame 对象。read_excel()函数的一般语法如下：

```
read_excel(io, sheet_name: 'str | int | list[IntStrT] | None' = 0, header: 'int | Sequence[int] | None' = 0, names=None, index_col: 'int | Sequence[int] | None' = None, usecols=None, squeeze: 'bool | None' = None, dtype: 'DtypeArg | None' = None, engine: "Literal['xlrd', 'openpyxl', 'odf', 'pyxlsb'] | None" = None, converters=None, true_values: 'Iterable[Hashable] | None' = None, false_values: 'Iterable[Hashable] | None' = None, skiprows: 'Sequence[int] | int | Callable[[int], object] | None' = None, nrows: 'int | None' = None, na_values=None, keep_default_na: 'bool' = True, na_filter: 'bool' = True, verbose: 'bool' = False, parse_dates=False, date_parser=None, thousands: 'str | None' = None, decimal: 'str' = '.', comment: 'str | None' = None, skipfooter: 'int' = 0, convert_float: 'bool | None' = None, mangle_dupe_cols: 'bool' = True, storage_options: 'StorageOptions' = None)
```

read_excel()函数的参数非常丰富，本节将介绍 read_excel()函数常用的一些参数。

- io：Excel 文件的存储路径。
- sheet_name：要读取的工作表名称。
- header：用哪一行作为列名。
- names：自定义的列名。
- index_col：用作索引的列。
- usecols：需要读取哪些列。
- squeeze：数据仅包含一列。
- converters：强制规定列的数据类型。
- skiprows：跳过特定行。
- nrows：需要读取的前 n 行。
- skipfooter：跳过末尾 n 行。

下面通过读取 /09/data/学生成绩.xlsx 文件来讲解上述参数的常见用法，此 Excel 中有两个 Sheet："学生基本信息"和"学生成绩（2022 上）"。

（1）只传递 io 参数。

```
df = pd.read_excel('./09/data/学生成绩.xlsx')
print(df)
```

当只传递 io 参数时，函数会返回一个 DataFrame 对象，并且只会读取 Excel 文件的第一个 Sheet 工作表中的全部数据，其余的工作表不会被读取到内存中，这里只会读取"学生基本信息"工作表，数据如下：

	学号	姓名	性别	出生日期	联系电话	住址
0	20220401	张三	男	2016-03-28	13888887711	北京XX1
1	20220402	李四	男	2016-08-09	13888887712	北京XX2
2	20220403	李娟	女	2016-09-05	13888887713	北京XX3
3	20220404	吴晓红	女	2017-01-02	13888887714	北京XX4
4	20220405	王五	男	2016-10-10	13888887715	北京XX5
5	20220406	刘小红	女	2016-05-13	13888887716	北京XX6

（2）读取 Excel 中指定的工作表。

```
# 传递工作表在Excel文件中的位置索引，从0开始
df = pd.read_excel('./09/data/学生成绩.xlsx', sheet_name=1)
# 也可以传递工作表的名称
# df = pd.read_excel('./09/data/学生成绩.xlsx', sheet_name='学生成绩(2022
上)')
print(df)
```

运行上面的代码，将会返回 Excel 文件"学生成绩（2022 上）"工作表的全部数据，具体如下：

	学号	姓名	语文	数学	英语	体育
0	20220401	张三	99.3	100.0	100	优
1	20220402	李四	80.0	85.0	90	优
2	20220403	李娟	100.0	100.0	100	优
3	20220404	吴晓红	98.2	99.3	100	良
4	20220405	王五	75.0	80.0	90	优
5	20220406	刘小红	98.5	99.0	97	良

🔔注意：sheet_name 参数默认为 0，取 Excel 的第一个工作表。

如果需要同时读取 Excel 文件中的多个工作表时，可以给 sheet_name 参数传递一个位置索引或者工作表名称的列表，如果传入的参数没有对应的工作表，则会报错：

```
# 传递工作表的索引位置，从0开始
data = pd.read_excel(file, sheet_name=[0, 1])
# 传递工作表的名称
data = pd.read_excel(file, sheet_name=['学生基本信息', '学生成绩(2022 上)'])
# 传递工作表的索引位置和工作表的名称
data = pd.read_excel(file, sheet_name=[0, '学生成绩(2022 上)'])
print(data)
```

🔔注意：当 sheet_name 为一个列表时，结果会返回一个字典对象，以在 sheet_name 参数中传入的列表成员作为 key，以所对应的工作表数据 DataFrame 对象作为 value。

(3)控制哪行为列名。

在默认情况下,header=0 表示以第一行作为列名。如果以前两行作为表头(列名):

```
# 以前两行作为表头(列名)
df = pd.read_excel(file, sheet_name=0,header=[0,1])
print(df.head())
```

header=[0,1]表示以第 1 行和第 2 行作为表头(列名)。

> 注意:DataFrame.head()函数会读取除表头之外的前 5 行数据。

(4)自定义列名。

当 Excel 文件缺少列名或者需要重新自定义列名时,可以通过 names 参数进行设置。

```
# 自定义列名
df = pd.read_excel(file, sheet_name=0, header=0, names=['学号','学生姓名',
'学生性别','出生日期','家长电话','现住地址'])
print(df.head())
```

运行上面的代码,输出结果如下:

```
      学号     学生姓名  学生性别   出生日期        家长电话       现住地址
0  20220401    张三      男   2016-03-28  13888887711  北京XX1
1  20220402    李四      男   2016-08-09  13888887712  北京XX2
2  20220403    李娟      女   2016-09-05  13888887713  北京XX3
3  20220404    吴晓红    女   2017-01-02  13888887714  北京XX4
4  20220405    王五      男   2016-10-10  13888887715  北京XX5
```

> 注意:names 的长度必须与 Excel 的列长度一致,否则会报错。

(5)指定用作索引的列。

在默认情况下,读取数据后,Pandas 会给 DataFrame 添加一列从 0 开始的索引列,如果想指定用作索引的列,可以通过 index_col 参数进行设置。

```
#指定以"学号"作为索引的列
df = pd.read_excel(file, sheet_name=0, header=0, index_col='学号')
print(df.head())
```

运行上面的代码,输出结果如下:

```
学号       姓名    性别   出生日期        联系电话       住址
20220401  张三    男    2016-03-28  13888887711  北京XX1
20220402  李四    男    2016-08-09  13888887712  北京XX2
20220403  李娟    女    2016-09-05  13888887713  北京XX3
20220404  吴晓红  女    2017-01-02  13888887714  北京XX4
20220405  王五    男    2016-10-10  13888887715  北京XX5
```

index_col 参数可以是工作表的列名称，如 index_col='学号'，也可以是整型或者整型列表，如 index_col=0 或者 index_col=[0,2]，如果选择多个列，则会返回多重索引。

> 注意：index_col=[0,2]表示以第 1 列和第 3 列作为多重索引，而不是以第 0 列到第 3 列作为多重索引。

（6）指定读取 Excel 的哪几列数据。

在默认情况下，工作表中的所有列都会被读取到 DataFrame 中，可以通过 usecols 参数来控制读取哪些列，以提高效率。

```
# 通过指定列名来控制要读取哪些列
df = pd.read_excel(file, sheet_name=0, header=0,usecols=['学号','姓名',
'性别','联系电话'])
# 通过指定列号来控制要读取哪些列
df = pd.read_excel(file, sheet_name=0, header=0, usecols=[0,1,2,4])
# 通过 指定 Excel 传统的列名 A、C 等字母来控制要读取哪些列
# 如："A:C,E"表示读取 A,B,C,E4 列的数据
df = pd.read_excel(file, sheet_name=0, header=0,usecols='A:C,E')
print(df.head())
```

运行上面的代码，输出结果如下：

```
       学号      姓名   性别      联系电话
0  20220401    张三    男     13888887711
1  20220402    李四    男     13888887712
2  20220403    李娟    女     13888887713
3  20220404    吴晓红   女     13888887714
4  20220405    王五    男     13888887715
```

> 注意：如果通过 index_col 参数指定了索引列，则指定的索引列需要在 usecols 参数中，如果索引列不在 usecols 参数中，则程序会报错。

例如，以学号列为索引列：

```
# 添加"学号"列为索引列
# "学号"列在源数据 Excel 表格中为第 1 列，即 A 列，因此在 usecols 参数中必须包含 A 列
df = pd.read_excel(file, sheet_name=0,index_col='学号', header=0,
usecols='A:C,E')
print(df.head())
```

运行结果如下：

```
学号         姓名    性别    联系电话
20220401    张三    男     13888887711
20220402    李四    男     13888887712
20220403    李娟    女     13888887713
```

20220404	吴晓红	女	13888887714
20220405	王五	男	13888887715

（7）强制规定列数据的数据类型。

有时我们希望读取的数据按照业务需求的数据类型进行转换。例如，这里我们希望"学号""联系电话"是以字符串形式存储的数字，但 Pandas 在默认情况下会将文本类的整数读取为整型，此时就可以使用 converters 参数强制规定列的数据类型：

```
# "学号""联系电话"以文本的形式存在
df = pd.read_excel(file, sheet_name=0, header=0,converters={'学号':str,
'联系电话':str})
print(df['学号'].dtype, df['联系电话'].dtype)
```

（8）当 read_excel()函数读取的数据仅包含一列时，可以得到一个 Series 对象。

在默认情况下，read_excel()函数只读取一列的数据，返回的对象也是 DataFrame 对象。如果想在只有一列数据时返回的对象为 Series，则可以通过传递 squeeze=True 进行设置，squeeze 默认情况下为 False：

```
# 只读取学号这一列的数据，返回的对象为 Series 对象
data = pd.read_excel(file, sheet_name=0, usecols=['学号'],squeeze=True)
print(type(data))
```

> ⚠️ 注意：当 squeeze=True 但 usecols 有多个列时，此时返回的对象是 DataFrame，不受 squeeze=True 的限制。

这里只列出了几种常见的传递参数的用法，读者可以通过官网或者其他学习渠道，结合自身的实际需求来练习 read_excel()函数的使用。上述内容的代码存放在/09/read_excel_demos.py 文件中。

9.3.2 将 DataFrame 转换为工作表

通过 to_excel()函数可以非常方便地将在 DataFrame 对象中的数据写入 Excel 文件。to_excel()函数的一般语法如下：

```
to_excel(excel_writer, sheet_name: 'str' = 'Sheet1', na_rep: 'str' = '',
float_format: 'str | None' = None, columns=None, header=True, index=True,
index_label=None, startrow=0, startcol=0, engine=None, merge_cells=True,
encoding=None,inf_rep='inf',verbose=True,freeze_panes=None,storage_
options: 'StorageOptions' = None)
```

本节只介绍 to_excel()函数的常用参数，有兴趣的读者可以寻找相关的资料进行更深入的学习。

- excel_writer：写入的 Excel 文件存储路径，或者表示一个 ExcelWriter 写入操作对象。
- sheet_name：写入 Excel 文件时工作表的名称，默认为 sheet1。
- na_rep：缺失数据时的表示方式，默认为空。
- index：是否写入行索引，默认为 True。

下面通过实例讲解几种常见的用法（实例代码存放在 /09/to_excel_demos.py 文件中）：

（1）excel_writer 为文件路径。

```
import pandas as pd

# 测试数据
data1 = {
    '学号':[ '20220401', '20220402', '20220403', '20220404', '20220405',
'20220406',],
    '姓名':[ '张三', '李四', '李娟', '吴晓红', '王五', '刘小红',]
}
# 通过数据创建一个 DataFrame 对象
df = pd.DataFrame(data1)
# 写入文件并指定工作表名称为“基本信息”
df.to_excel('./09/to_excel_data.xlsx' ,sheet_name='基本信息')
```

运行上面的代码，会生成一个如图 9.4 所示的 Excel 文件。

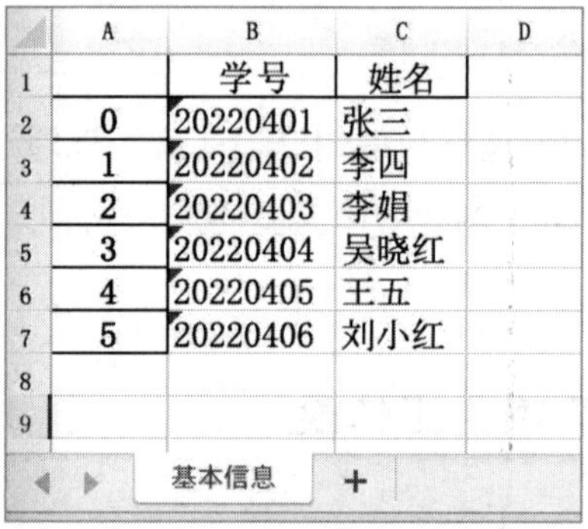

	A	B	C	D
1		学号	姓名	
2	0	20220401	张三	
3	1	20220402	李四	
4	2	20220403	李娟	
5	3	20220404	吴晓红	
6	4	20220405	王五	
7	5	20220406	刘小红	
8				
9				

图 9.4 生成的 Excel 文件

（2）excel_writer 为 ExcelWriter 对象。

如果要在写 Excel 文件时对每个工作表指定名称，这时就需要使用 ExcelWriter 对象。

```
# 创建第 1 个 DataFrame 对象
df1 = pd.DataFrame(data1)
# 创建第 2 个 DataFrame 对象
df2 = pd.DataFrame(data1)
# 创建一个 ExcelWriter 对象用来负责写入操作
writer = pd.ExcelWriter('./09/to_excel_data2.xlsx')
```

```
# 调用 df1 上的 to_excel()函数并设置 sheet 名称为工作表 1
df1.to_excel(writer, sheet_name='工作表 1')
# 调用 df2 上的 to_excel()函数并设置 sheet 名称为工作表 2
df2.to_excel(writer, sheet_name='工作表 2')
# 最后一定要执行 save()函数进行保存
writer.save()
```

使用与前面一样的数据，执行上面的代码会得到如图 9.5 所示的 Excel 文件。

	A	B	C	D	E
1		学号	姓名		
2	0	20220401	张三		
3	1	20220402	李四		
4	2	20220403	李娟		
5	3	20220404	吴晓红		
6	4	20220405	王五		
7	5	20220406	刘小红		
8					
9					

工作表1　工作表2　+

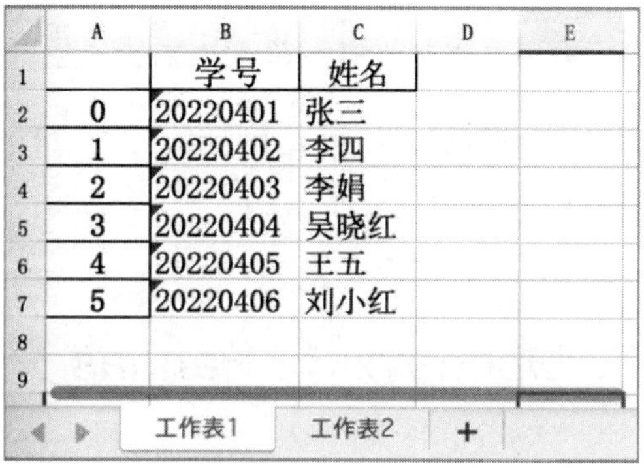

图 9.5　使用 ExcelWriter 对象生成的 Excel 文件

注意：最后必须执行 writer.save()函数，否则会生成一个无数据的会报错的 Excel 文件。

（3）控制 index 是否输出。

在前面的两个例子中生成的工作表第 1 列为从 0 开始的索引列，如果不想生成该列，只需要在 to_excel()函数的参数中添加 index=False 即可：

```
df = pd.DataFrame(data1)
df.to_excel('./09/to_excel_data.xlsx',sheet_name='基本信息', index=False)
```

执行上面的代码，将会生成一个没有自动索引列的工作表，如图 9.6 所示。

	A	B	C
1	学号	姓名	
2	20220401	张三	
3	20220402	李四	
4	20220403	李娟	
5	20220404	吴晓红	
6	20220405	王五	
7	20220406	刘小红	
8			
9			

基本信息　+

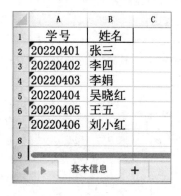

图 9.6　无自动索引列的 Excel 文件

（4）缺失数据的表示方式。

有时并不是所有单元格都有数据，存在缺失数据的情况。这时可以选择约定好的方式来表示数据缺失，如使用"--"表示数据缺失。要处理这种表示方式，只需要为 to_excel() 函数设置 na_rep='--'即可：

```
df = pd.DataFrame(data1)
df.to_excel('./09/to_excel_data.xlsx',sheet_name='基本信息', na_rep='--', index=False)
```

注意：na_rep 默认为空，即当数据缺失时，单元格不填充任何内容。

提示：to_excel()函数是在 DataFrame 对象上执行的，而 read_excel()函数是直接通过导入的 Pandas 库执行的。

9.4　Openpyxl 与 Pandas 交互

在一般情况下，都是将 Pandas 中 DataFrame 对象处理好的数据提供给 Openpyxl，然后在 Openpyxl 中进行样式设置或者生成各种图形报表等。Openpyxl 提供了非常快捷且方便的方法来实现与 Pandas 的数据转换。

9.4.1　将 DataFrame 对象数据转换为 WorkSheet 对象数据

Openpyxl 提供了 openpyxl.utils.dataframe.dataframe_to_rows()函数，能非常方便地将 DataFrame 对象的数据转换为 Openpyxl 的 WorkSheet 对象数据。

下面通过将一个无样式的 Excel 转换为一个带样式的 Excel 文件实例来讲解 dataframe_to_rows()函数的使用（/09/ openpyxl_pandas_demo.py）。

```python
from openpyxl import Workbook
from openpyxl.utils.dataframe import dataframe_to_rows
from openpyxl.styles import Font, PatternFill,NamedStyle,Alignment
import pandas as pd

def dataframe_to_worksheetdata_demo(source_file, target_file):
    '''
    将 DataFrame 对象的数据转换为 WorkSheet 对象的数据
    :param source_file: - 原 Excel 文件路径
    :type source_file: string
    :param target_file: - 保存文件路径
```

```python
    :type target_file: string
    '''

    # 加载 Excel 文件，得到 DataFrame 对象
    df = pd.read_excel(source_file)

    # 创建 Workbook 对象
    wb = Workbook()
    # 获取活动工作表
    ws = wb.active

# 通过 dataframe_to_rows() 函数将 DataFrame 数据转换为工作表数据
# 注意
# 1. 如果 index=True 时，生成的文件会将 DataFrame 中的行标签生成单独的一行，如果不
    希望生成此行，可以设置 index=False
# 2. 当 header=False 时，将会忽略 DataFrame 中的 columns 所在的行，默认是第 1 行
    for r in dataframe_to_rows(df, index=False, header=True):
        ws.append(r)


    # ------------"表头"的样式------------------
    # 使用 NamedStyle 对象来管理各样式
    header_style = NamedStyle(name='header_title_style',)
    header_style.alignment = Alignment(horizontal='center', vertical=
'center')
    header_style.font = Font(name='宋体', bold=True, size=16)
    header_style.fill = PatternFill(patternType='solid', start_color=
'00008080')

    # 遍历第 1 行（即"表头"行）的单元格
    for cell in ws[1]:
        # 设置每个单元格的样式
        cell.style = header_style
        # 让单元格宽度根据内容自适应
        ws.column_dimensions[cell.column_letter].bestFit = True

    # 遍历第 D 列（即"出生日期"所在列）的单元格
    for cell in ws['D']:
        # 设置日期列中单元格数据的显示格式
        cell.number_format = 'yyyy-mm-dd'

    # 保存文件
wb.save(target_file)
```

```
if __name__ == '__main__':
    dataframe_to_worksheetdata_demo('./09/data/学生成绩.xlsx','./09/
pandas2worksheet.xlsx')
```

运行上面的代码，将会得到一个带样式的 Excel 文件，如图 9.7 所示。

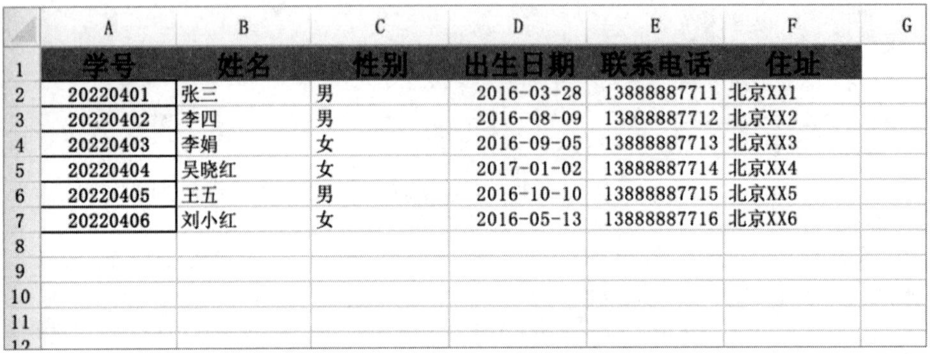

	A	B	C	D	E	F	G
1	学号	姓名	性别	出生日期	联系电话	住址	
2	20220401	张三	男	2016-03-28	13888887711	北京XX1	
3	20220402	李四	男	2016-08-09	13888887712	北京XX2	
4	20220403	李娟	女	2016-09-05	13888887713	北京XX3	
5	20220404	吴晓红	女	2017-01-02	13888887714	北京XX4	
6	20220405	王五	男	2016-10-10	13888887715	北京XX5	
7	20220406	刘小红	女	2016-05-13	13888887716	北京XX6	
8							
9							
10							
11							
12							

图 9.7　带样式的 Excel 文件

注意：对于 dataframe_to_rows()函数的 index 参数和 header 参数，如果 index=True，则生成的文件会将 DataFrame 的行标签作为单独的一行，如果不希望生成此行，则可以设置 index=False；header=False，这样将会忽略 DataFrame 的 columns 所在的行，默认是第一行。

在实际场景中，大部分都是通过 Pandas 将来自外界（如数据库、网络数据等）的数据经过处理或分析等操作之后，再将结果数据通过 Openpyxl 生成各种样式或图表供需求方使用。

9.4.2　将 WorkSheet 对象数据转换为 DataFrame 对象数据

在实际开发中，很少将 Openpyxl 库的 WorkSheet 对象数据转换为 Pandas 库的 DataFrame 对象数据。

下面分两种情况来讲解。

1．不关心DataFrame的行标签（即行索引）问题

下面以/09/data/成绩数据.xlsx 文件的“学生成绩（无表头）”工作表为例，讲解如何将工作表读取到 DataFrame 中，如图 9.8 所示（/09/ openpyxl_pandas_demo.py）：

第 9 章 Openpyxl 灵魂伴侣——Pandas

	A	B	C	D	E	F
1	20220401	张三	99.3	100	100	优
2	20220402	李四	80	85	90	优
3	20220403	李娟	100	100	100	优
4	20220404	吴晓红	98.2	99.3	100	良
5	20220405	王五	75	80	90	优
6	20220406	刘小红	98.5	99	97	良

图 9.8　无表头的工作表

代码如下：

```python
def worksheet_to_dataframe_with_no_header(source_file):
    '''
    将 WorkSheet 对象数据转换为 DataFrame 对象数据，不用关心索引标签问题
    :param source_file: - 原 Excel 文件路径
    :type source_file: string
    '''

    # 加载 Excel 文件
    wb = load_workbook(source_file)
    # 获取工作表"学生成绩（无表头）"对象
    ws = wb['学生成绩（无表头）']

    # ws.values 为一个 generator 对象，即生成器
    # 创建 DataFrame 对象
    df = pd.DataFrame(ws.values, columns=['学号','姓名','语文','数学','英语','体育'])
    print(df)

if __name__ == '__main__':
    worksheet_to_dataframe_with_no_header('./09/data/成绩数据.xlsx')
```

运行上面的代码，将会得到如下的 DataFrame 对象：

	学号	姓名	语文	数学	英语	体育
0	20220401	张三	99.3	100.0	100	优
1	20220402	李四	80.0	85.0	90	优
2	20220403	李娟	100.0	100.0	100	优

	3	20220404	吴晓红	98.2	99.3	100	良
	4	20220405	王五	75.0	80.0	90	优
	5	20220406	刘小红	98.5	99.0	97	良

> **注意**：由于没有处理行索引，所以在创建 DataFrame 时会自动生成从 0 开始的行索引。

2. 自定义行索引和列标签

下面以/09/data/成绩数据.xlsx 文件的"学生成绩（有表头）"工作表为例来讲解如何将"学号"列作为行索引，如图 9.9 所示（/09/ openpyxl_pandas_demo.py）：

	A	B	C	D	E	F
1	学号	姓名	语文	数学	英语	体育
2	20220401	张三	99.3	100	100	优
3	20220402	李四	80	85	90	优
4	20220403	李娟	100	100	100	优
5	20220404	吴晓红	98.2	99.3	100	良
6	20220405	王五	75	80	90	优
7	20220406	刘小红	98.5	99	97	良

图 9.9 有表头的工作表

由于需要将"学号"列作为 DataFrame 的行索引，所以需要将"学号"列的数据提取出来。

处理的基本思路如下：

（1）加载要处理的 Excel 文件，创建 Workbook 对象和 WorkSheet 对象 ws，并获取要处理的数据 data。

（2）取出 data 中的第 1 行数据并存储起来作为 DataFrame 的列标签 cols。

（3）从 data 中获取每行数据的第一个元素（即学号），然后存储起来作为 DataFrame 的行索引 idx。

（4）利用 itertools.islice()函数去掉 data 中每行的第 1 个元素数据，并创建一个新的生成器作为创建 DataFrame 的数据来源。

（5）利用前面处理好的数据，创建 DataFrame 对象。

```
from openpyxl import load_workbook
import pandas as pd
```

```
from itertools import islice

# 加载 Excel 文件
wb = load_workbook('./09/data/成绩数据.xlsx')
# 获取工作表"学生成绩（有表头）"对象
ws = wb['学生成绩（有表头）']

# 获取 ws 中的数据对象，ws.values 为一个 generator 对象即生成器
data =ws.values

# 调用 next() 函数获取第 1 行数据，即 Excel 的第 1 行（表头）
cols = next(data)[1:]

# 将生成器转换为 list 列表对象
data = list(data)

# 使用列表推导式方式获取每行的第 1 个元素，即所有的学号，作为 DataFrame 的行标签
idx = [r[0] for r in data]

# 使用 itertools 中的 islice 函数，将列表 data 中的数据从第 2 个元素开始重新创建一个生成器
data = (islice(r, 1, None) for r in data)

# 创建 DataFrame 对象
df = pd.DataFrame(data, index=idx, columns=['姓名','语文','数学','英语','体育'])
print(df)
```

运行上面的代码，将得到的 **DataFrame** 对象如下：

```
          学号   姓名     语文    数学    英语  体育
    20220401   张三   99.3   100.0   100   优
    20220402   李四   80.0    85.0    90   优
    20220403   李娟  100.0   100.0   100   优
    20220404  吴晓红   98.2    99.3   100   良
    20220405   王五   75.0    80.0    90   优
    20220406  刘小红   98.5    99.0    97   良
```

> **注意**：上面使用 itertools 模块中的 islice() 函数对列表数据 data 重新创建了一个生成器，并且从原列表数据中每行数据的第 2 个元素开始（即从"姓名"开始）将原"学号"舍去。

9.5　合并多个 Excel 文件

本节将分别讲解如何使用 Openpyxl 和 Pandas 来合并多个 Excel 文件。读者可以根据实际情况选择使用。

9.5.1　使用 Openpyxl 合并多个 Excel 文件

假设有这样一个需求：需要把各区域的年度销售统计数据汇总到一个 Excel 文件中。其中，各区域的 Excel 文件的数据结构完全相同，并且文件的命名也是一致的。每个 Excel 文件中的数据如图 9.10 所示。

品类	1季度(万元)	2季度(万元)	3季度(万元)	4季度(万元)
男鞋	2271.58	5761.49	6716.29	3919.72
女鞋	1456.81	4638.51	2275.74	2214.83
女装	5942.39	6860.1	3499.69	6671.34
男装	6623.63	8638.88	7189.42	8107.99
内衣	8848.85	5765.28	1741.5	7816.72
童装	6076.45	8705.51	3298.6	2950.47
孕妇装	9290.35	1179.26	8438.92	9476.2
母婴	4689.93	2682.17	4296.17	7632.84
美妆	2566.66	8906.76	3798.58	7442.22
洗护	2305.71	8099.73	859.31	1519.25
奢品	866.26	8224.54	6571	9519.61

2021年度销售季度统计表

图 9.10　区域销售统计数据

下面通过代码实例来讲解如何实现上述需求，实例数据存放在 09/data/各区销售数据目录下（/09/ Openpyxl 合并多个 Excel 文件.py）。

```
from openpyxl import Workbook, load_workbook
import itertools
from pathlib import Path


def _get_sales_datas_from_excel(ws, file, area):
    '''
    提取指定文件中的数据并插入 ws
    :param ws: - 接收数据的 WorkSheet 对象
    :type ws: openpyxl.worksheet.worksheet.Worksheet
```

```
    :param file: - 数据文件的路径
    :type file: pathlib.Path
    :param area: - file 文件所在的区域
    :type area: string
    '''
    # 根据文件路径,加载文件,创建 Workbook 对象
    file_wb = load_workbook(file)
    # 获取活动工作表
    file_ws = file_wb.active

    # 使用 itertools.islice()函数去掉第 1 行
    # 遍历除了第 1 行(表头)的所有数据
    for row in itertools.islice(file_ws.values, 1, None):
        # 将 tuple 转换为 list
        data = list(row)
        # 将区域插到数据最后
        data.append(area)
        # 将一行数据插入 ws
        ws.append(data)


def combine_excel_files(dir_path, target_file):
    '''
    合并年度销售统计数据函数
    :param dir_path: - 进行统计的文件目录路径
    :type dir_path: string
    :param target_file: - 保存创建的 Excel 文件及其路径
    :type target_file: string
    '''

    # 创建 Workbook 对象
    wb = Workbook()
    # 获取活动工作表
    ws = wb.active
    ws.title = '2021 年度销售季度统计表'
    # 向活动工作表中插入"表头"
    ws.append(['品类','1 季度(万元)','2 季度(万元)','3 季度(万元)','4 季度(万元)','区域'])

    # 根据目录路径创建一个 Path 对象
    p = Path(dir_path)
    # 获取目录下所有以".xlsx"结尾的 Excel 文件,files 为生成器
    files = (f for f in p.iterdir() if f.is_file() and '.xlsx' == f.suffix.lower() and not f.stem.startswith('~$'))
```

```python
    # 遍历选择的所有 Excel 文件
    for file in files:
        # 将文件名（不包括后缀部分）使用 "-" 进行分隔
        file_name_args = file.stem.split('-')
        # 进行简单的判断，如果 file_name_args 的长度为 3，就表示此文件为正确格式的文件
        if len(file_name_args) == 3:
            # 将 Excel 文件中的数据提取出来并合并到一个新的 Excel 文件中
            _get_sales_datas_from_excel(ws, file, file_name_args[0])

    # 保存文件
    wb.save(target_file)

if __name__ == '__main__':
    combine_excel_files('/09/data/各区销售数据', '/09/2021年度各区品类销售统计数据.xlsx')
```

运行上面的代码，就可以将"/09/data/各区销售数据"下面的 Excel 文件数据合并到一张大表中，如图 9.11 所示。

	A	B	C	D	E	F
1	品类	1季度(万元)	2季度(万元)	3季度(万元)	4季度(万元)	区域
2	男鞋	2271.58	5761.49	6716.29	3919.72	华北
3	女鞋	1456.81	4638.51	2275.74	2214.83	华北
4	女装	5942.39	6860.1	3499.69	6671.34	华北
5	男装	6623.63	8638.88	7189.42	8107.99	华北
6	内衣	8848.85	5765.28	1741.5	7816.72	华北
7	童装	6076.45	8705.51	3298.6	2950.47	华北
8	孕妇装	9290.35	1179.26	8438.92	9476.2	华北
9	母婴	4689.93	2682.17	4296.17	7632.84	华北
10	美妆	2566.66	8906.76	3798.58	7442.22	华北
11	洗护	2305.71	8099.73	859.31	1519.25	华北
12	奢品	866.26	8224.54	6571	9519.61	华北
13	男鞋	9354.48	5184.75	7990.11	5183.16	华南
14	女鞋	1544.21	4900.42	8387.63	5794.3	华南
15	女装	4770.18	3798.7	7688.74	6103.46	华南
16	男装	3057.92	8532.32	3880.71	8100.91	华南
17	内衣	9368.61	8422.58	9289.81	8787.45	华南
18	童装	9144.16	6714.37	4704.13	7104.27	华南
19	孕妇装	1945.11	8201.8	8173.5	8589.42	华南
20	母婴	1830.68	840.23	4126.5	9757.96	华南
21	美妆	6773.75	4639.93	2230.16	7599	华南
22	洗护	1710.23	8079.5	5180.14	9194.64	华南
23	奢品	1053.41	6192.35	6373.93	1089.77	华南
24	男鞋	2200.53	6489.85	6450.13	1974.95	华中
25	女鞋	7189.91	4518.58	1643.43	3523.57	华中
26	女装	7699.21	7408.43	1357.18	4535.41	华中
27	男装	2065.9	9189.68	6866.26	4770.55	华中
28	内衣	4240.26	4326.65	7363.55	4205.4	华中
29	童装	1405.46	5502.9	8447.88	1217.75	华中
30	孕妇装	7169.75	7665.63	3017.21	8999.79	华中
31	母婴	2336.72	8695.41	8064.16	7512.7	华中
32	美妆	5463.5	9955.23	5006.88	7988.24	华中
33	洗护	4045.25	5652.24	7196.5	8542.98	华中
34	奢品	5166.31	5564.1	4575.42	5124.8	华中

图 9.11 合并之后的销售统计数据

核心处理思路：遍历文件夹下的每一个 Excel 文件，根据文件名获取相应区域的统计数据，然后将文件加载到内存中创建 Workbook 对象，从 Worksheet 对象中获取所有的数据，然后通过 itertools.islice()函数去掉每个文件的第 1 行（即各自的表头）数据并添加区域信息，再将数据一行一行地插入新的文件。

> 注意：这里使用了 Pathlib 库，它是一个 Python 3 官方推出的库，比 os.path 更好用。

9.5.2 使用 Pandas 合并多个 Excel 文件

使用 Pandas 处理 9.5.1 节的需求会更简单，它不需要考虑将每个文件的首行去掉的问题。下面通过实例代码进行讲解（/09/ Pandas 合并多个 Excel 文件.py）：

```python
import pandas as pd
import itertools
from pathlib import Path


def _get_sales_datas_from_excel(df_list, file, area):
    '''
    将指定文件中的数据读取到 DataFrame 中
    :param df_list: list of DataFrame
    :type df_list: list
    :param file: - 数据文件的路径
    :type file: pathlib.Path
    :param area: - file 文件所在的区域
    :type area: string
    '''
    # 根据 Excel 文件路径，将数据读取到 DataFrame 对象中
    df = pd.read_excel(file)
    # 在 DataFrame 中添加名为"区域"，且值都为 area 的一列数据
    df['区域'] = area
    # 将 DataFrame 数据对象添加到 df_list 列表中
    df_list.append(df)


def combine_excel_files(dir_path, target_file):
    '''
    合并年度销售统计数据函数
    :param dir_path: - 进行统计的文件目录路径
```

```
    :type dir_path: string
    :param target_file: - 完成合并之后,保存 Excel 文件路径
    :type target_file: string
    '''

    # 根据目录路径创建一个 Path 对象
    p = Path(dir_path)
    # 获取目录下所有以 ".xlsx" 结尾的 Excel 文件,files 为生成器
    files = (f for f in p.iterdir() if f.is_file() and '.xlsx' ==
f.suffix.lower() and not f.stem.startswith('~$'))

    # 用来存放根据所有 Excel 文件创建的 DataFrame 对象的列表
    df_list = []

    # 遍历选择的所有 Excel 文件
    for file in files:
        # 将文件名(不包括后缀部分)使用 "-" 进行分隔
        file_name_args = file.stem.split('-')
        # 进行简单的判断,如果 file_name_args 的长度为 3,就表示此文件为正确格式的文件
        if len(file_name_args) == 3:
            # 将 Excel 文件中的数据提取到 DataFrame 中,并将 DataFrame 保存到 df_list 中
            _get_sales_datas_from_excel(df_list, file, file_name_args[0])

    # 将根据数据创建的 DataFrame 集合,通过 pandas.concat()函数拼接成一个新的
DataFrame 对象,并忽略每个 Dataframe 的行标签
    result = pd.concat(df_list, ignore_index=True)
    # 调用 pandas.to_excel()函数保存 Excel 文件,并且不将自动创建的行索引写入 Excel
    文件
    result.to_excel(target_file, index=False, sheet_name='2021 年度销售季度
统计表')

if __name__ == '__main__':
    combine_excel_files('/09/data/各区销售数据', '/09/2021 年度各区品类销售
统计数据.xlsx')
```

运行上面的代码,同样也会将多个 Excel 文件数据合并到一个 Excel 文件中,如果需要对合并之后的文件进行样式设置,可以使用 Openpyxl 进行一些样式的配置。

⚠注意:核心是通过 Pandas.concat()函数将多个 DataFrame 拼接成一个 DataFrame 对象。

9.6 小　　结

本章首先介绍了 Pandas 库及 Pandas 库两个非常关键的概念：Series 和 DataFrame。然后通过大量的实例介绍了常见的从 Pandas 中读取数据的方法、将 DataFrame 与 Excel 文件进行相互转换的方法，以及 Openpyxl 与 Pandas 之间如何进行交互的方法，最后通过一个实例讲解了如何分别使用 Openpyxl 和 Pandas 合并处理多个 Excel 文件。

Pandas 库是一个非常重要的库，它在数据分析领域占有非常重要的地位，也是我们需要熟练掌握的 Python 库之一。当然，它的操作比较复杂和灵活，通过一章的学习是不可能非常熟练地掌握 Pandas 库的，如果想更深入地学习 Pandas 库，则需要多阅读 Pandas 的官方文档及相关书籍。

通过本章的学习，读者了解了如何使用 Openpyxl 和 Pandas 对 Excel 文件进行读取、合并和相互转换等操作，这些是平时在项目中经常使用的一些操作，希望读者能多加练习。

第 3 篇
项目实战

- 第 10 章　自动生成财务报表项目实战
- 第 11 章　财务数据分析项目实战

第 10 章 自动生成财务报表项目实战

财务报表几乎是所有企业都有的会计报表，它可以反映一个企业在一定时期的资金和利润状况。财务报表主要包括资产负债表（Balance sheet）、利润表（Income statement）和现金流量表（Statement of cash flow）。

本章将从源数据获取、数据处理和制作报表等几个方面来讲解如何自动生成财务报表，讲解时也会补充一些新的知识。

10.1 项目准备

本节主要从两个方面对项目进行讲解：代码模块的主要功能和项目的文件及文件夹结构。

10.1.1 项目简介

项目的主要功能分为 3 个部分：下载源数据、源数据格式转换和创建报表。

源数据来源于本地数据库、第三方 API 和网络等。本项目的数据来源于网络上的公开数据，通过爬取，将数据存放至本地文件系统中供后面使用。本项目使用 Requests 库进行操作。

由于下载的源数据格式为 csv 格式，为了方便学习，我们会将其先转换为 xlsx 格式的文件，并在转换时对文件行和列进行简单的转换处理。这一步也可以省略，直接通过 csv 格式文件来创建报表也是可以的。在项目中进行转换是为了让读者多练习 Pandas 的使用，另外还可以介绍几个 Pandas 的知识点。

文件转换之后就可以创建报表了。在本项目中会创建三张报表：资产负债表、现金流量表及利润表。

> **提示**：Requests 是一个非常简单且好用的用于进行网络请求的库，它也是每位学习 Python 的开发者必须要学习的一个库。

10.1.2 项目结构

由于本项目是一个比较简单的项目，这里的结构主要指项目文件及文件夹结构。项目的主要文件及文件夹如图 10.1 所示。

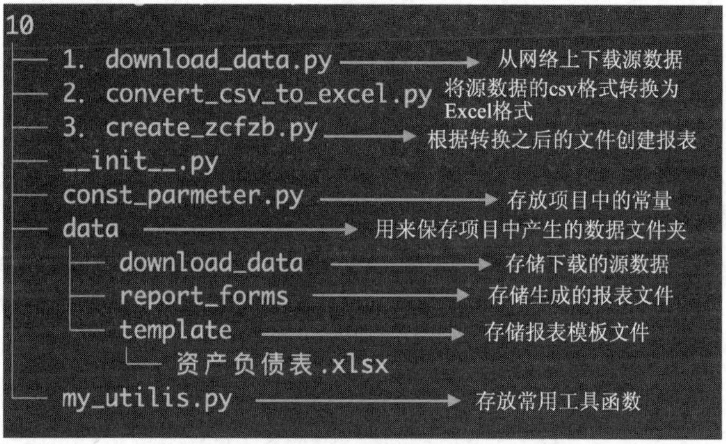

```
10
├── 1. download_data.py          → 从网络上下载源数据
├── 2. convert_csv_to_excel.py   → 将源数据的csv格式转换为Excel格式
├── 3. create_zcfzb.py           → 根据转换之后的文件创建报表
├── __init__.py
├── const_parmeter.py            → 存放项目中的常量
├── data                         → 用来保存项目中产生的数据文件夹
│   ├── download_data            → 存储下载的源数据
│   ├── report_forms             → 存储生成的报表文件
│   └── template                 → 存储报表模板文件
│       └── 资产负债表.xlsx
└── my_utilis.py                 → 存放常用工具函数
```

图 10.1 项目主要文件及文件夹说明

从图 10.1 中可以看出，项目将代码与数据放在同一个文件夹 "10" 下。当然，读者也可以非常方便地将它们进行分离，只需要在配置文件中进行相应的配置即可，可以在 const_parmeter.py 文件中修改各参数。

> **注意**：这里是为了方便读者查看代码文件才会在文件名前面加上数字，在平时开发中应尽量避免这样做。

10.1.3 预期效果

通过本项目，可以实现报表源数据的自动下载、数据自动整理、报表自动生成创建等功能。这 3 张报表的预期效果如图 10.2 至图 10.4 所示。

资产负债表

	A	B	C	D	E	F
1	资产负债表					
2	纳税人识别号：XXXXXXXXX					
3	编制单位：某某单位		2022年12月31日		金额单位：万元	
4	资产	行次	期末余额	负债和所有者权益	行次	期末余额 期初余额
5	流动资产：			流动负债：		
6	货币资金	1		短期借款	53	
7	结算备付金	2		向中央银行借款	54	
8	拆出资金	3		吸收存款及同业存放	55	
9	交易性金融资产	4		拆入资金	56	
10	衍生金融资产	5		交易性金融负债	57	
11	应收票据	6		衍生金融负债	58	
12	应收账款	7		应付票据	59	
13	预付账款	8		应付账款	60	
14	应收利费	9		预收账款	61	
15	应收分保账款	10		卖出回购金融资产款	62	
16	应收分保合同准备金	11		应付手续费及佣金	63	
17	应收利息	12		应付职工薪酬	64	
18	应收股利	13		应交税费	65	
19	其他应收款	14		应付利息	66	
20	应收出口退税	15		应付股利	67	
21	应收补贴款	16		其他应交款	68	
22	应收保证金	17		应付保证金	69	
23	内部应收款	18		内部应付款	70	
24	买入返售金融资产	19		其他应付款	71	
25	存货	20		预提费用	72	
26	待摊费用	21		预计流动负债	73	
27	待处理流动资产损益	22		应付分保账款	74	
28	一年内到期的非流动资产	23		一年内到期的非流动负债	75	
29	其他流动资产	24		其他流动负债	76	
30	流动资产合计	25		流动负债合计	77	
31	非流动资产：			非流动负债：		
32	发放贷款及垫款	26		长期借款	78	
33	可供出售金融资产	27		应付债券	79	
34	持有至到期投资	28		长期应付款	80	
35	长期应收款	29		专项应付款	81	
36	长期股权投资	30		预计非流动负债	82	
37	其他长期投资	31		长期递延负债	83	
38	投资性房地产	32		递延所得税负债	84	
39	固定资产原值	33		其他非流动负债	85	
40	累计折旧	34		非流动负债合计	86	
41	固定资产净值	35		负债合计	87	
42	固定资产减值准备	36				
43	固定资产	37				
44	在建工程	38		股东权益		
45	工程物资	39		实收资本（或股本）	88	
46	固定资产清理	40		资本公积	89	
47	生产性生物资产	41		减：库存股	90	
48	公益性生物资产	42		专项储备	91	
49	油气资产	43		盈余公积	92	
50	无形资产	44		一般风险准备	93	
51	开发支出	45		未确定的投资损失	94	
52	商誉	46		未分配利润	95	
53	长期待摊费用	47		拟分配现金股利	96	
54	股权分置流通权	48		外币报表折算差额	97	
55	递延所得税资产	49		归属于母公司股东权益合计	98	
56	其他非流动资产	50		少数股东权益	99	
57	非流动资产合计	51		所有者权益（或股东权益）合计	100	
58	资产总计	52		负债和所有者权益（或股东权益）总计	101	

图 10.2 资产负债表模板

利润表

	A	B	C	D
1	利 润 表			
2	编制单位：XXXX公司		2022年12月31日	单位：万元
3	项 目	行次	本期发生额	上期发生额
4	一、营业收入	1		
5	减：营业成本	2		
6	税金及附加	3		
7	销售费用	4		
8	管理费用	5		
9	研发费用	6		
10	财务费用	7		
11	其中：利息费用	8		
12	利息收入	9		
13	加：其他收益	10		
14	投资收益（损失以"-"号填列）	11		
15	其中：对联营企业和合营企业的投资收益	12		
16	公允价值变动收益（损失以"-"号填列）	13		
17	资产减值损失（损失以"-"号填列）	14		
18	二、营业利润（亏损以"-"号填列）	15		
19	加：营业外收入	16		
20	减：营业外支出	17		
21	三、利润总额（亏损总额以"-"号填列）	18		
22	减：所得税费用	19		
23	四、净利润（净亏损以"-"号填列）	20		
24	（一）归属于母公司所有者的净利润	21		
25	（二）被合并方在合并前实现净利润	22		
26	（三）少数股东损益	23		
27	五、每股收益			
28	（一）基本每股收益（元）	24		
29	（二）稀释每股收益（元）	25		
30				

图 10.3 利润表模板

现金流量表			
编制单位：XXXX公司	2022年12月31日		单位：万元
项　　　　　目	行次	本期发生额	上期发生额
一、经营活动产生的现金流量：			
销售商品、提供劳务收到的现金	1		
收到的税费返还	2		
收到其他与经营活动有关的现金	3		
经营活动现金流入小计	4		
购买商品、接受劳务支付的现金	5		
支付给职工以及为职工支付的现金	6		
支付的各项税费	7		
支付其他与经营活动有关的现金	8		
经营活动现金流出小计	9		
经营活动产生的现金流量净额	10		
二、投资活动产生的现金流量：			
收回投资收到的现金	11		
取得投资收益收到的现金	12		
处置固定资产、无形资产和其他长期资产收回的现金净额	13		
处置子公司及其他营业单位收到的现金净额	14		
收到其他与投资活动有关的现金	15		
投资活动现金流入小计	16		
购建固定资产、无形资产和其他长期资产支付的现金	17		
投资支付的现金	18		
取得子公司及其他营业单位支付的现金净额	19		
支付其他与投资活动有关的现金	20		
投资活动现金流出小计	21		
投资活动产生的现金流量净额	22		
三、筹资活动产生的现金流量：			
吸收投资收到的现金	23		
其中：子公司吸收少数股东投资收到的现金	24		
取得借款收到的现金	25		
收到其他与筹资活动有关的现金	26		
筹资活动现金流入小计	27		
偿还债务支付的现金	28		
分配股利、利润或偿付利息支付的现金	29		
其中：子公司支付给少数股东的股利、利润	30		
支付其他与筹资活动有关的现金	31		
筹资活动现金流出小计	32		
筹资活动产生的现金流量净额	33		
四、汇率变动对现金及现金等价物的影响			
汇率变动对现金及现金等价物的影响	34		
五、现金及现金等价物净增加额			
现金及现金等价物净增加额	35		
加：期初现金及现金等价物余额	36		
期末现金及现金等价物余额	37		

图 10.4　现金流量表模板

注意： 本项目的 3 张报表并未完全按照会计准则要求进行绘制，主要是为了进行项目实例的讲解，而非讲解会计相关的知识点，读者在阅读本项目的过程中无须过度关注表中的各项数据是否完全符合会计准则要求。

10.2　获取源数据

本节将讲解如何从网络上分别获取资产负债表、利润表及现金流量表需要的源数据。网络上提供了按季度和按年度分类的源数据，本节只处理按“年度”分类的源数据。

10.2.1　获取资产负债表源数据

本项目使用的数据源已经对数据进行了整理，并提供了 csv 格式的文件可以下载。下面一起来看看如何实现此功能。

首先需要先在"/10/const_parmeter.py"文件中设置用于存储文件的目录路径，以及资产负债表文件名称的前缀：

```python
# 存储数据的父级位置
FILE_DIR_PATH = './10/data/'

# 下载的数据存储位置
DOWNLOAD_FILE_DIR_PATH =f'{FILE_DIR_PATH}download_data/'

# 创建资产负债表文件的前缀
ZCFZB_PREFIX = 'zcfzb_'
```

然后在"/10/1.download_data.py"文件中编写下载资产负债表数据的逻辑代码：

```python
import requests
import const_parmeter

def download_zcfzb(code):
    """
    获取资产负债表函数
    :param code: - 股票代码，如中国银行的股票代码为 000001
    :type code: string
    """

    # 根据传入的股票代码拼接出获取资产负债表信息的下载 URL
    url = f'http://quotes.money.163.com/service/zcfzb_{code}.html?type=year'
    # 所下载数据的本地保存路径
    file_path=f'{const_parmeter.DOWNLOAD_FILE_DIR_PATH}{const_parmeter.ZCFZB_PREFIX}{code}.csv'

    # 执行下载数据
    _download_file(url, file_path)


def _download_file(url, file_path):
    """
    根据指定的 URL 下载文件
    :param url: URL to download
    :type url: string
    :param file_path: - 下载文件的保存路径
    :type file_path: string
    """
```

```
    # 根据传入的股票代码拼接出获取资产负债表信息的下载 URL
    # 发起 get 请求，获取数据
    r = requests.get(url)
    # 如果请求返回的状态码为 200，则表示请求成功
    if r.status_code == 200:
        # 保存数据到本地文件系统
        with open(file_path, 'w') as f:
            f.write(r.text)

        print('文件下载成功！')
    else:
        print('文件下载出错啦！')
```

_download_file()函数负责具体的下载任务，download_zcfzb()函数的任务是将下载文件的 URL 和下载文件的保存路径都组装好。

> 注意：由于项目中的 3 个报表的下载逻辑相同，所以将执行下载功能的代码封装成了 _download_file()函数，这样，后面的两个报表在下载时只需要准备好 URL 和下载的保存路径即可。

例如，下载 000001 代码的资产负债表源数据，通过调用 download_zcfzb('000001')，就会在本地创建一个"/10/data/download_data/zcfzb_000001.csv"的文件。

获取的源数据如图 10.5 所示。

报告日期	2021-12-31	2020-12-31	2019-12-31	2018-12-31	2017-12-31	2016-12-31	2015-12-31	2014-12-31	2013-12-31	2012-12-31	2011-12-
营业总收入(万元)	16938300	15354200	13795800	11671600	10578600	10771500	9616300	7340700	5218900	3974865	2964306
营业收入(万元)	--	--	--	--	--	--	--	--	--	--	2964306
利息收入(万元)	21353600	18718700	17754900	16288800	14806600	13111900	13164900	11920200	9310200	7461368	5233070
已赚保费(万元)	--	--	--	--	--	--	--	--	--	--	--
手续费及佣金收入(万元)	4019300	5329600	4590300	3936200	3572500	3130900	2918500	1970600	1182100	644952	412960
房地产销售收入(万元)	--	--	--	--	--	--	--	--	--	--	--
其他业务收入(万元)	10500	11100	11000	17000	18600	14600	16100	21300	15000	15477	13288
营业总成本(万元)	4958100	4621500	4214200	3654000	3263800	3141800	6726800	4716100	3223400	2220699	1651036
营业成本(万元)	--	--	--	--	--	--	--	--	--	--	1651036
利息支出(万元)	9320000	8753700	8758800	8814300	7405900	5470800	6555000	6615600	5241400	4157832	2704092
手续费及佣金支出(万元)	712800	981500	916000	806500	505100	345000	274000	232800	136500	72824	46493
房地产销售成本(万元)	--	--	--	--	--	--	--	--	--	--	--
研发费用(万元)	--	--	--	--	--	--	--	--	--	--	--
退保金(万元)	--	--	--	--	--	--	--	--	--	--	--
赔付支出净额(万元)	--	--	--	--	--	--	--	--	--	--	--
提取保险合同准备金净额(万元)	--	--	--	--	--	--	--	--	--	--	--
保单红利支出(万元)	--	--	--	--	--	--	--	--	--	--	--
分保费用(万元)	--	--	--	--	--	--	--	--	--	--	--
其他业务成本(万元)	--	--	--	--	--	--	--	--	--	--	--
营业税金及附加(万元)	164400	152500	129000	114900	102200	344500	667100	548200	406900	341199	250634

图 10.5　csv 格式的源数据

10.2.2　获取利润表源数据

由于前面在编写下载资产负债表的代码时已经将流程"走"了一遍，所以在下载利润表时只需遵循相同的流程即可。

首先在"/10/const_parmeter.py"文件中设置利润表文件名称的前缀：

```
# 创建利润表文件的前缀
LRB_PREFIX = 'lrb_'
```

然后编写下载利润表数据的逻辑代码：

```
def download_lrb(code):
    """
    获取利润表函数
    :param code: - 股票代码，如中国银行的股票代码为 000001
    :type code: string
    """
    # 根据传入的股票代码拼接出获取利润表信息的下载 URL
    url = f'http://quotes.money.163.com/service/lrb_{code}.html?type=year'
    # 下载数据的本地保存路径
    file_path=f'{const_parmeter.DOWNLOAD_FILE_DIR_PATH}{const_parmeter.LRB_PREFIX}{code}.csv'

    # 执行数据下载任务
    _download_file(url, file_path)
```

注意：执行下载任务的函数_download_file(url, file_path)已经定义过，直接调用即可。

10.2.3　获取现金流量表源数据

首先在"/10/const_parmeter.py"文件中设置现金流量表文件名称的前缀：

```
# 创建现金流量表文件的前缀
XJLLB_PREFIX = 'xjllb_'
```

然后编写下载现金流量表数据的逻辑代码：

```
def download_xjllb(code):
    """
    获取现金流量表函数
    :param code: - 股票代码，如中国银行的股票代码为××××××
```

```
    :type code: string
    """
    # 根据传入的股票代码拼接获取现金流量表信息的下载URL
    url = f'http://quotes.money.163.com/service/xjllb_{code}.html?type=year'
    # 下载数据的本地保存路径
    file_path=f'{const_parmeter.DOWNLOAD_FILE_DIR_PATH}{const_parmeter.XJLLB_PREFIX}{code}.csv'

    _download_file(url, file_path)
```

至此，3张报表的源数据获取功能已全部实现。

10.3 数据格式转换

10.2节我们获取了"原始"的项目数据。在本项目中其实可以直接使用csv源数据来生成报表，一般在数据分析等领域有一个步骤是很关键的，即数据清洗。在本项目中，我们通过数据格式转换来简单了解一下"数据清洗"这个步骤。

10.3.1 资产负债表源数据格式转换

由于我们是从数据源取得的数据，它是已经整理得比较好的格式数据，因此我们不需要进行过多的数据洗清操作。这里，我们只需要进行行列转置及去除无用的数据行即可。

由于3张报表的csv数据源格式是一致的，因此转换时也可以使用相同的操作，即可以定义一个用于进行格式转换的共用函数，本项目定义了一个名为_convert_csv_to_xlsx(csv_file_path, xlsx_file_path)的函数来处理格式转换问题（/10/2.convert_csv_to_excel.py）:

```
import pandas as pd
from pathlib import Path
import os

import const_parmeter, my_utilis

def _convert_csv_to_xlsx(csv_file_path, xlsx_file_path):
    """
    将csv文件转换为可用的xlsx数据源
    :param csv_file_path: - CSV file 源数据路径
    :type csv_file_path: string
    :param xlsx_file_path: - 转换后的 XLSX file 保存路径
```

```
    :type xlsx_file_path: string
    """

    # 判断 csv 文件是否存在，如果不存在则直接返回
    if not os.path.exists(csv_file_path):
        print('需要转换的 csv 文件不存在，请确保文件已经存在')
        return

    # 加载 csv 文件，创建 DataFrame 对象
    df = pd.read_csv(csv_file_path)
    # 对 DataFrame 进行转置
    df = df.T
    # 选择除最后一行的所有数据
    df = df.iloc[:-1,:]
    # 将数据写入 Excel 文件
    df.to_excel(xlsx_file_path, header=None)
print('数据格式转换成功')
```

使用_convert_csv_to_xlsx()函数对 3 张报表的源数据进行转换时，只需要拼接好 csv 源数据文件的路径及转换之后 xlsx 格式文件的保存路径即可。这样可以大大简化代码和处理逻辑的复杂性。

在_convert_csv_to_xlsx() 函数中有两个新的知识点是前面章节没有讲到的：Pandas 读取 csv 格式文件的 read_csv()函数和 DataFrame 中进行行列互换（也称为转置）的功能。

read_csv()函数与之前讲过的 read_xlsx()函数的使用是比较相似的，读者可以结合 dir()函数和 help()函数来了解 read_csv()函数的使用。

行列互换，即将行变成列，将列变成行。在 Pandas 中提供了多种转置的方式，本章使用了最简单的方式 DataFrame.T。

在代码中使用的一些"常量"存放在"/10/const_parmeter.py"文件下：

```
# 存储数据的父级位置
FILE_DIR_PATH = '/10/data/'

# 下载数据的存储位置
DOWNLOAD_FILE_DIR_PATH =f'{FILE_DIR_PATH}download_data/'
# 生成数据的存储位置
REPORT_FILE_DIR_PATH = f'{FILE_DIR_PATH}report_forms/'

# 创建资产负债表文件的前缀
ZCFZB_PREFIX = 'zcfzb_'
# 创建利润表文件的前缀
LRB_PREFIX = 'lrb_'
# 创建现金流量表文件的前缀
XJLLB_PREFIX = 'xjllb_'
```

```
# 报表模板文件所在的路径
TEMPLATE_FILE_PATH = f'{FILE_DIR_PATH}template/报表模板.xlsx'
```

进行资产负债表数据格式转换的任务就很简单了，代码如下：

```
def zcfzb_convert_csv_to_xlsx(code):
    """
    将 csv 格式的资产负债表数据转换成 xlsx 格式的资产负债表数据
    :param code: - 股票代码，如中国银行的股票代码为 601988
    :type code: string
    """

# 拼接 csv 格式文件路径
csv_file_path=f'{const_parmeter.DOWNLOAD_FILE_DIR_PATH}{const_parmeter.
ZCFZB_PREFIX}{code}.csv'
# 拼接保存的 xlsx 格式文件路径
xlsx_file_path=f'{const_parmeter.DOWNLOAD_FILE_DIR_PATH}{const_parmeter.
ZCFZB_PREFIX}{code}.xlsx'

    # 进行转换
_convert_csv_to_xlsx(csv_file_path, xlsx_file_path)
```

转换之后生成的 xlsx 格式文件如图 10.6 所示。

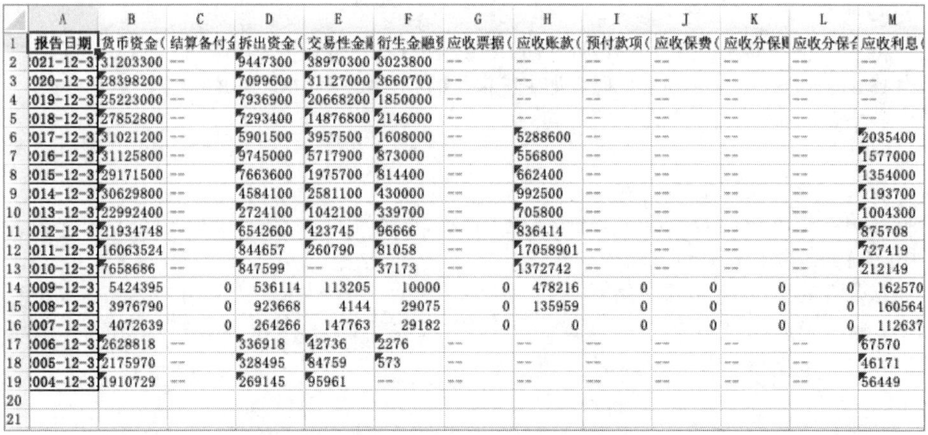

	A	B	C	D	E	F	G	H	I	J	K	L	M
1	报告日期	货币资金(	结算备付金	拆出资金(	交易性金融	衍生金融资	应收票据(	应收账款(	预付款项(	应收保费(	应收分保账	应收分保合	应收利息(
2	2021-12-3	31203300	--	9447300	38970300	3023800	--	--	--	--	--	--	--
3	2020-12-3	28398200	--	7099600	31127000	3660700	--	--	--	--	--	--	--
4	2019-12-3	25223000	--	7936900	20668200	1850000	--	--	--	--	--	--	--
5	2018-12-3	27852800	--	7293400	14876800	2146000	--	--	--	--	--	--	--
6	2017-12-3	31021200	--	5901500	3957500	1608000	--	5288600	--	--	--	--	2035400
7	2016-12-3	31125800	--	9745000	5717900	873000	--	556800	--	--	--	--	1577000
8	2015-12-3	29171500	--	7663600	1975700	814400	--	662400	--	--	--	--	1354000
9	2014-12-3	30629800	--	4584100	2581100	430000	--	992500	--	--	--	--	1193700
10	2013-12-3	22992400	--	2724100	1042100	339700	--	705800	--	--	--	--	1004300
11	2012-12-3	21934748	--	6542600	423745	96666	--	836414	--	--	--	--	875708
12	2011-12-3	16063524	--	844657	260790	81058	--	17058901	--	--	--	--	727419
13	2010-12-3	7658686	--	847599	--	37173	--	1372742	--	--	--	--	212149
14	2009-12-3	5424395	0	536114	113205	10000	0	478216	0	0	0	0	162570
15	2008-12-3	3976790	0	923668	4144	29075	0	135959	0	0	0	0	160564
16	2007-12-3	4072639	0	264266	147763	29182	0	0	0	0	0	0	112637
17	2006-12-3	2628818	--	336918	42736	2276	--	--	--	--	--	--	67570
18	2005-12-3	2175970	--	328495	84759	573	--	--	--	--	--	--	46171
19	2004-12-3	1910729	--	269145	95961	--	--	--	--	--	--	--	56449
20													
21													

图 10.6　转换后的 xlsx 格式源数据

10.3.2　利润表源数据格式转换

有了 10.3.1 节准备好的共用_convert_csv_to_xlsx()函数，利润表源数据格式转换也很简单，只需要提供两个文件路径即可，代码如下（/10/2.convert_csv_to_excel.py）：

```python
def lrb_convert_csv_to_xlsx(code):
    """
    将csv格式的利润表数据转换成xlsx格式的利润表数据
    :param code: - 股票代码,如中国银行的股票代码为601988
    :type code: string
    """
    # 拼接csv格式文件路径
    csv_file_path=f'{const_parmeter.DOWNLOAD_FILE_DIR_PATH}{const_parmeter.LRB_PREFIX}{code}.csv'
    # 拼接保存的xlsx格式文件路径
    xlsx_file_path=f'{const_parmeter.DOWNLOAD_FILE_DIR_PATH}{const_parmeter.LRB_PREFIX}{code}.xlsx'

    # 进行转换
    _convert_csv_to_xlsx(csv_file_path, xlsx_file_path)
```

10.3.3 现金流量表源数据格式转换

现金流量表源数据格式转换的处理方式与资产负债表及利润表一样,代码如下(/10/2.convert_csv_to_excel.py):

```python
def xjllb_convert_csv_to_xlsx(code):
    """
    将csv格式的现金流量表数据转换成xlsx格式的现金流量表数据
    :param code: - 股票代码,如中国银行的股票代码为601988
    :type code: string
    """
    # 拼接csv格式文件路径
    csv_file_path=f'{const_parmeter.DOWNLOAD_FILE_DIR_PATH}{const_parmeter.XJLLB_PREFIX}{code}.csv'
    # 拼接保存的xlsx格式文件路径
    xlsx_file_path=f'{const_parmeter.DOWNLOAD_FILE_DIR_PATH}{const_parmeter.XJLLB_PREFIX}{code}.xlsx'

    # 进行转换
    _convert_csv_to_xlsx(csv_file_path, xlsx_file_path)
```

☎提示:在开发过程中,如果有一些处理代码是相同的,一般会将它们提取为一个公用类或者函数进行封装,以突出代码的简洁和可用性等。但"重构"代码并不是重构越多越好,要根据实际项目中的情况来进行,不要过度"重构",也不要不"重构"。

至此,3张报表的格式转换逻辑处理功能都已经实现了。接下来就可以根据转换之后的文件来创建相应的报表了。

10.4 创建报表

前面介绍了数据的获取和加工处理流程，接下来进入项目的最终环节——创建相应的报表文件。

10.4.1 创建资产负债表

在编写代码之前，先看下创建报表的大概流程：

（1）通过 Pandas 加载 xlsx 文件创建 DataFrame 对象。
（2）遍历在 DataFrame 中的数据行。
（3）DataFrame 的每一行数据表示一个年度的报表数据，使用 Openpyxl 加载模板 Excel 文件或者已有的报表 Excel 文件，得到 WorkSheet 对象，然后将每行数据赋值到 WorkSheet 中的指定单元格上。

在编写赋值代码时，根据资产负债表中要赋值的行，将资产负债表分为 5 个区域，如图 10.7 所示。根据每个区域的第 1 个要赋值的"行次"与对应的行号，可以推算出每个区域如何从 DataFrame 中进行取值。

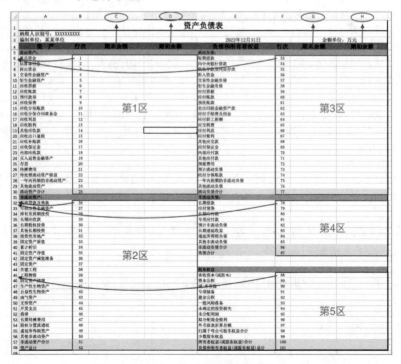

图 10.7 资产负债表分区图

根据资产负债表的"行次"列,创建一个与它对应的数据字段列表(/10/const_parmeter.py):

```
# 资产负债表的数据字段
ZCFZB_COLS = ['报告日期','货币资金(万元)','结算备付金(万元)','拆出资金(万元)',
'交易性金融资产(万元)','衍生金融资产(万元)','应收票据(万元)','应收账款(万元)',
'预付款项(万元)','应收保费(万元)','应收分保账款(万元)','应收分保合同准备金(万
元)','应收利息(万元)','应收股利(万元)','其他应收款(万元)','应收出口退税(万元)',
'应收补贴款(万元)','应收保证金(万元)','内部应收款(万元)','买入返售金融资产(万
元)','存货(万元)','待摊费用(万元)','待处理流动资产损益(万元)','一年内到期的非
流动资产(万元)','其他流动资产(万元)','流动资产合计(万元)','发放贷款及垫款(万
元)','可供出售金融资产(万元)','持有至到期投资(万元)','长期应收款(万元)','长期
股权投资(万元)','其他长期投资(万元)','投资性房地产(万元)','固定资产原值(万元)',
'累计折旧(万元)','固定资产净值(万元)','固定资产减值准备(万元)','固定资产(万元)',
'在建工程(万元)','工程物资(万元)','固定资产清理(万元)','生产性生物资产(万元)',
'公益性生物资产(万元)','油气资产(万元)','无形资产(万元)','开发支出(万元)','商
誉(万元)','长期待摊费用(万元)','股权分置流通权(万元)','递延所得税资产(万元)',
'其他非流动资产(万元)','非流动资产合计(万元)','资产总计(万元)','短期借款(万元)',
'向中央银行借款(万元)','吸收存款及同业存放(万元)','拆入资金(万元)','交易性金融
负债(万元)','衍生金融负债','应付票据(万元)','应付账款(万元)','预收账款(万
元)','卖出回购金融资产款(万元)','应付手续费及佣金(万元)','应付职工薪酬(万元)',
'应交税费(万元)','应付利息(万元)','应付股利(万元)','其他应交款(万元)','应付保
证金(万元)','内部应付款(万元)','其他应付款(万元)','预提费用(万元)','预计流动
负债(万元)','应付分保账款(万元)','一年内到期的非流动负债(万元)','其他流动负债(万
元)','流动负债合计(万元)','长期借款(万元)','应付债券(万元)','长期应付款(万元)',
'专项应付款(万元)','预计非流动负债(万元)','长期递延收益(万元)','递延所得税负债
(万元)','其他非流动负债(万元)','非流动负债合计(万元)','负债合计(万元)','实收
资本(或股本)(万元)','资本公积(万元)','减:库存股(万元)','专项储备(万元)','盈余
公积(万元)','一般风险准备(万元)','未确定的投资损失(万元)','未分配利润(万元)',
'拟分配现金股利(万元)','外币报表折算差额(万元)','归属于母公司股东权益合计(万元)',
'少数股东权益(万元)','所有者权益(或股东权益)合计(万元)','负债和所有者权益(或股东
权益)总计(万元)']
```

☏提示:列表的各项顺序非常关键,它直接决定编写的代码量。因此,读者平时也要根据实际项目情况,进行一些便于代码编写和逻辑处理的设置。

💡注意:在ZCFZB_COLS列表中,第1个元素为'报告日期'。报告日期也需要Pandas从xlsx文件中读取到内存中,并且将它作为行索引。

进行了以上分析,接下来给出代码(/10/3.create_zcfzb.py)。

```
import pandas as pd
from openpyxl import Workbook, load_workbook
import os
```

```python
import const_parmeter,my_utilis

def create_zcfzb(code):
    '''
    创建资产负债表
    :param code: - 股票代码,如中国银行的股票代码为 601988
    :type code: string
    '''

    # ============================准备====================================
    # 转换之后的数据源文件路径
    file_path=f'{const_parmeter.DOWNLOAD_FILE_DIR_PATH}{const_parmeter.ZCFZB_PREFIX}{code}.xlsx'
    # 判断文件是否存在,如果不存在则直接返回
    if not os.path.exists(file_path):
        print(f'不存在 {code} 的资产负债表转换数据文件,请确认是否转换成功')
        return

    # 用来存放对应 code 所生成的数据文件的文件夹路径
    dir_path = os.path.join(const_parmeter.REPORT_FILE_DIR_PATH, code)
    # 创建文件夹路径
    if not my_utilis.create_directory(dir_path):
        print('创建保存报表的目录报错')
        return

    # ====================1. 加载数据,创建 DataFrame 对象==================

    # 将转换之后的 Excel 文件加载到 DataFrame 中
    df = pd.read_excel(file_path, index_col=0, usecols=const_parmeter.ZCFZB_COLS)

    # 通过 DataFrame 的 shape 属性获取行数
    rows = df.shape[0]

    # ====================2. 遍历 DataFrame 库的每一行数据====================
    for i in range(0, rows-1):
        # 获取的索引值为当前年度的时间字符串
        date_str = df.index[i]
        # 从字符串中取出年份值
        year = my_utilis.get_year_from_str(date_str)

        # =============3. 创建 Workbook 对象============================
        # 拼接保存文件的路径
        file_path = os.path.join(dir_path,f'{year}年度报表.xlsx')
        if os.path.exists(file_path): # 如果报表文件已经存在
            # 加载报表文件,创建 Workbook 对象
```

```python
            wb = load_workbook(file_path)
        else:  # 如果报表文件不存在
            # 通过报表模板文件创建 Workbook 对象
            wb = load_workbook(const_parmeter.TEMPLATE_FILE_PATH)

        # 获取资产负债表所在的 Sheet
        ws = wb['资产负债表模板']
        # 设置 Sheet 的 title
        ws.title = '资产负债表'
        # 将 E3 单元格的值设置为当前行索引值
        ws['E3'] = date_str

        # ==============4. 将 DataFrame 中的数据赋值到 WorkSheet 中=======
        # 调用将数据填充到 Sheet 中的函数
        _handle_zcfzb(ws, df, i, i + 1)

        # 将填充好数据的 Workbook 对象保存到 Excel 文件中
        wb.save(file_path)
        # 关闭 Workbook 对象
        wb.close()
        print(f'{year}年度已经创建成功')

    print(f'{code} 已有数据的资产负债表创建成功')


def _handle_zcfzb(ws, df, this_year_row_index, last_year_row_index):
    '''
    填充资产负债表数据
    :param ws: - 需要填充数据的 Sheet 对象
    :type ws: openpyxl.worksheet.worksheet.Worksheet
    :param df: - Dataframe
    :type df: openpyxl.workbook.workbook.Worksheet
    :param this_year_row_index: - 本年度的数据所在的 DataFrame 中的行索引
    :type this_year_row_index: int
    :param last_year_row_index: - 上一年度的数据所在的 DataFrame 中的行索引
    :type last_year_row_index: int
    '''
    # 获取列标签
    param_names = const_parmeter.ZCFZB_COLS
    # 有多少数据要填充
    params_count = len(param_names)
    # 当前年度数据所在的列标签
    this_col = 'C'
    # 上一年度数据所在的列标签
    last_col = 'D'
    for i in range(1, params_count):
```

```python
    # 计算 Sheet 中的"行号"和"列号"
    if i < 26:                          # 第1区
        index = i + 5
    elif 26 <= i < 53:                  # 第2区
        index = i + 6
    elif 53 <= i <= 77:                 # 第3区
        index = i - 47
        this_col = 'G'
        last_col = 'H'
    elif 77 < i <= 87:                  # 第4区
        index = i - 46
        this_col = 'G'
        last_col = 'H'
    else:                               # 第5区
        index = i - 43
        this_col = 'G'
        last_col = 'H'

    # val1 表示当前年份的某个值
    val1 = df.iloc[this_year_row_index].at[param_names[i]]
    # val2 表示上一年份的某个值
    val2 = df.iloc[last_year_row_index].at[param_names[i]]

    #赋值
    ws[f'{this_col}{index}'] = ('--' if '--' in str(val1) else float(val1))
    ws[f'{last_col}{index}'] = ('--' if '--' in str(val2) else float(val2))
```

create_zcfzb()函数为创建资产负债表的入口函数，只需要提供企业对应的股票代码（如000001表示平安银行），就会创建所获取的数据的所有年份的报表。如图10.8所示为"000001"文件夹下的所有年度的报表文件。

图10.8　"000001"文件夹下的所有年度的报表文件

_handle_assets()函数负责将 DataFrame 中的行数据赋值给 WorkSheet 中相应的单元格，即负责具体报表数据的值填充任务。最终填充数据之后的资产负债表效果如图 10.9 所示。

	A	B	C	D	E	F	G	H
1	资产负债表							
2	纳税人识别号：XXXXXXXXXX							
3	编制单位：某某单位				2021-12-31		金额单位：万元	
4	资　产	行次	期末余额	期初余额	负债和所有者权益	行次	期末余额	期初余额
5	流动资产：				流动负债：			
6	货币资金	1	31,203,300.00	28,398,200.00	短期借款	53	—	—
7	结算备付金	2	—	—	向中央银行借款	54	¥14,816,200.00	¥12,458,700.00
8	拆出资金	3	9,447,300.00	7,099,600.00	吸收存款及同业存放	55	¥333,564,900.00	¥316,548,600.00
9	交易性金融资产	4	38,970,300.00	31,127,000.00	拆入资金	56	¥3,239,400.00	¥4,103,400.00
10	衍生金融资产	5	3,023,800.00	3,660,700.00	交易性金融负债	57	¥4,342,100.00	¥3,150,500.00
11	应收票据	6	—	—	衍生金融负债	58	¥3,109,200.00	¥4,148,500.00
12	应收账款	7	—	—	应付票据	59	—	—
13	预付款项	8	—	—	应付账款	60	—	—
14	应收保费	9	—	—	预收账款	61	—	—
15	应收分保账款	10	—	—	卖出回购金融资产款	62	¥4,770,300.00	¥3,528,600.00
16	应收分保合同准备金	11	—	—	应付手续费及佣金	63	—	—
17	应收利息	12	—	—	应付职工薪酬	64	¥1,809,500.00	¥1,695,900.00
18	应收股利	13	—	—	应交税费	65	¥1,168,500.00	¥1,144,400.00
19	其他应收款	14	—	—	应付利息	66	—	—
20	应收出口退税	15	—	—	应付股利	67	—	—
21	应收补贴款	16	—	—	其他应交款	68	—	—
22	应收保证金	17	—	—	应付保证金	69	—	—
23	内部应收款	18	—	—	内部应付款	70	—	—
24	买入返售金融资产	19	638,800.00	9,531,400.00	其他应付款	71	—	—
25	存货	20	—	—	预提费用	72	—	—
26	待摊费用	21	—	—	预计流动负债	73	—	—
27	待处理流动资产损益	22	—	—	应付分保账款	74	—	—
28	一年内到期的非流动资产	23	—	—	一年内到期的非流动负债	75	—	—
29	其他流动资产	24	—	—	其他流动负债	76	—	—
30	流动资产合计	25	—	—	流动负债合计	77	—	—
31	非流动资产：				非流动负债：			
32	发放贷款及垫款	26	298,475,300.00	261,084,100.00	长期借款	78	—	—
33	可供出售金融资产	27	—	—	应付债券	79	¥82,393,400.00	¥61,186,500.00
34	持有至到期投资	28	73,816,600.00	63,361,900.00	长期应付款	80	—	—
35	长期应收款	29	—	—	专项应付款	81	—	—
36	长期股权投资	30	—	—	预计非流动负债	82	¥394,400.00	¥95,800.00
37	其他长期投资	31	—	—	长期递延收益	83	—	—
38	投资性房地产	32	55,800.00	57,300.00	递延所得税负债	84	—	¥200.00
39	固定资产原值	33	2,026,800.00	1,905,900.00	其他非流动负债	85	¥2,288,500.00	¥1,642,600.00
40	累计折旧	34	829,300.00	816,400.00	非流动负债合计	86	—	—
41	固定资产净值	35	1,197,500.00	1,089,500.00	负债合计	87	¥452,593,200.00	¥410,438,300.00
42	固定资产减值准备	36	100.00	200.00				
43	固定资产	37	1,197,400.00	1,089,300.00				
44	在建工程	38	—	—	股东权益			
45	工程物资	39	—	—	实收资本(或股本)	88	¥1,940,600.00	¥1,940,600.00
46	固定资产清理	40	—	—	资本公积	89	¥8,081,600.00	¥8,081,600.00
47	生产性生物资产	41	—	—	减:库存股	90	—	—
48	公益性生物资产	42	—	—	专项储备	91	—	—
49	油气资产	43	—	—	盈余公积	92	¥1,078,100.00	¥1,078,100.00
50	无形资产	44	580,100.00	385,200.00	一般风险准备	93	¥5,833,900.00	¥5,153,600.00
51	开发支出	45	—	—	未确定的投资损失	94	—	—
52	商誉	46	756,800.00	756,800.00	未分配利润	95	¥15,437,700.00	¥13,118,600.00
53	长期待摊费用	47	—	—	拟分配现金股利	96	—	—
54	股权分置流通权	48	—	—	外币报表折算差额	97	—	—
55	递延所得税资产	49	3,973,500.00	3,903,400.00	归属于母公司股东权益合计	98	¥39,544,800.00	¥36,413,100.00
56	其他非流动资产	50	4,216,400.00	2,058,000.00	少数股东权益	99	—	—
57	非流动资产合计	51	—	—	所有者权益(或股东权益)合计	100	¥39,544,800.00	¥36,413,100.00
58	资产总计	52	492,138,000.00	446,851,400.00	负债和所有者权益(或股东权益)总计	101	¥492,138,000.00	¥446,851,400.00
59								
60								
61								

资产负债表　利润表模板　现金流量表模板　+

图 10.9　“000001”文件夹下的 2021 年度资产负债表

在代码中，笔者进行了详细的注释，读者应该可以很容易地看懂代码的逻辑。本来还可以将代码再进一步地拆分成小函数，但由于代码逻辑并不复杂，所以这里只是将具体的赋值部分单独拆分成了一个函数来处理。

10.4.2　创建利润表

首先将报表模板要填充的数据区域进行分块，将其分为两个区域，如图 10.10 所示。

利润表的数据字段相对比较简单，分为两个区域就可以了。

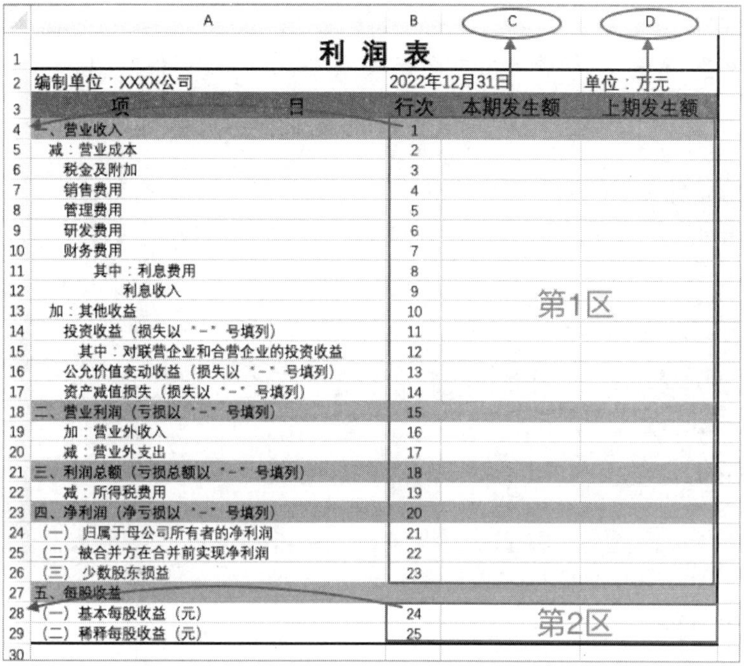

图 10.10　利润表分区图

同样，根据利润表的"行次"列相对"项目"创建一个列表 LRB_COLS，其各项的顺序与模板中的项目列一一对应，只是第一个元素为"报告日期"（/10/const_parmeter.py）。

```
# 利润表的数据字段
LRB_COLS = ['报告日期','营业总收入(万元)','营业总成本(万元)','营业税金及附加(万元)','销售费用(万元)','管理费用(万元)','研发费用(万元)','财务费用(万元)','利息支出(万元)','利息收入(万元)','其他业务收入(万元)','投资收益(万元)','对联营企业和合营企业的投资收益(万元)','公允价值变动收益(万元)','资产减值损失(万元)','营业利润(万元)','营业外收入(万元)','营业外支出(万元)','利润总额(万元)','所得税费用(万元)','净利润(万元)','归属于母公司所有者的净利润(万元)','被合并方在合并前实现净利润(万元)','少数股东损益(万元)','基本每股收益','稀释每股收益']
```

有了上面的准备工作，接下来就可以进行业务逻辑代码的编写工作了，具体代码如下（/10/4.create_lrb.py）：

```
import pandas as pd
from openpyxl import Workbook, load_workbook
import os

import const_parmeter,my_utilis
```

```python
def create_lrb(code):
    '''
    创建利润表
    :param code: - 股票代码，如中国银行的股票代码为 601988
    :type code: string
    '''

    # 转换之后的数据源文件路径
    file_path=f'{const_parmeter.DOWNLOAD_FILE_DIR_PATH}{const_parmeter.LRB_PREFIX}{code}.xlsx'
    # 判断文件是否存在，如果不存在则直接返回
    if not os.path.exists(file_path):
        print(f'不存在 {code} 的利润表转换数据文件，请确认是否转换成功')
        return

    # 用来存放对应 code 所生成的数据文件的文件夹路径
    dir_path = os.path.join(const_parmeter.REPORT_FILE_DIR_PATH, code)
    if not my_utilis.create_directory(dir_path):
        print('保存报表目录创建报错啦')
        return

    # 将转换之后的 Excel 文件加载到 DataFrame 中
    df = pd.read_excel(file_path, index_col=0, usecols=const_parmeter.LRB_COLS)

    # 通过 DataFrame 的 shape 属性获取行数
    rows = df.shape[0]

    for i in range(0, rows-1):
        # 获取的索引值为当前年度的时间字符串
        date_str = df.index[i]
        # 从字符串中取出年份值
        year = my_utilis.get_year_from_str(date_str)
        print(year)
        # 拼接保存文件的路径
        file_path = os.path.join(dir_path,f'{year}年度报表.xlsx')
        if os.path.exists(file_path): # 如果报表文件已经存在
            # 加载报表文件，创建 Workbook 对象
            wb = load_workbook(file_path)
        else: # 如果报表文件不存在
            # 通过报表模板文件创建 Workbook 对象
            wb = load_workbook(const_parmeter.TEMPLATE_FILE_PATH)
```

```python
        # 获取利润表模板所在的 Worksheet 对象
        ws = wb['利润表模板']
        # 修改 sheet 的 title
        ws.title = '利润表'
        # 将 B2 单元格的值设置为当前行索引值,表示报表日期
        ws['B2'] = date_str

        # 为工作表单元格赋值
        _handle_lrb(ws, df, i, i+1)
        # 保存文件
        wb.save(file_path)
        # 关闭 Workbook 对象
        wb.close()
        print(f'{year}年度利润表创建成功')

    print(f'{code} 已有数据的利润表创建成功')


def _handle_lrb(ws, df, this_year_row_index, last_year_row_index):
    '''
    填充利润表数据
    :param ws: - 需要填充数据的 Sheet 对象
    :type ws: openpyxl.worksheet.worksheet.Worksheet
    :param df: - Dataframe
    :type df: openpyxl.workbook.workbook.Worksheet
    :param this_year_row_index: - 本年度的数据所在的 DataFrame 中的行索引
    :type this_year_row_index: int
    :param last_year_row_index: - 上一年度的数据所在的 DataFrame 中的行索引
    :type last_year_row_index: int
    '''

    # 获取列标签
    param_names = const_parmeter.LRB_COLS
    # 有多少数据要进行填充
    params_count = len(param_names)

    # 通过遍历列标签进行单元格值赋值
    for i in range(1, params_count):
        # index 表示单元格的行号
        # 根据列标签来计算行号
        if i < 24:  # 第1区
            index = i + 3
        else:  # 第2区
```

```
        index = i + 4

    # 从 DataFrame 中获取当前年度的值
    val1 = df.iloc[this_year_row_index].at[param_names[i]]
    # 赋值当前年度的值
    ws[f'C{index}'] = ('--' if '--' in str(val1) else float(val1))

    # 从 DataFrame 中获取上一年度的值
    val2 = df.iloc[last_year_row_index].at[param_names[i]]
    # 赋值上一年度的值
    ws[f'D{index}'] = ('--' if '--' in str(val2) else float(val2))
```

以上代码中使用了一个入门函数 create_lrb() 和一个用于给单元格赋值的函数 _handle_lrb()，笔者基本对每行代码都进行了详细的注释，这里不再讲解。

📞 **提示**：对于一些不想对外公开的函数，一般在函数名前面加上 "_" 即可。

执行 create_lr('000001') 命令就会得到如图 10.11 所示的利润表数据。

	A	B	C	D
1		利 润 表		
2	编制单位：XXXX公司		2021-12-31	单位：万元
3	项　　　　　目	行次	本期发生额	上期发生额
4	一、营业收入	1	¥16,938,300.00	¥15,354,200.00
5	减：营业成本	2	¥4,958,100.00	¥4,621,500.00
6	税金及附加	3	¥164,400.00	¥152,500.00
7	销售费用	4	¥4,793,700.00	¥4,469,000.00
8	管理费用	5	--	--
9	研发费用	6	--	--
10	财务费用	7	--	--
11	其中：利息费用	8	¥9,320,000.00	¥8,753,700.00
12	利息收入	9	¥21,353,600.00	¥18,718,700.00
13	加：其他收益	10	¥10,500.00	¥11,100.00
14	投资收益（损失以"-"号填列）	11	¥1,224,300.00	¥992,100.00
15	其中：对联营企业和合营企业的投资收益	12	--	--
16	公允价值变动收益（损失以"-"号填列）	13	¥208,000.00	-¥61,400.00
17	资产减值损失（损失以"-"号填列）	14	--	--
18	二、营业利润（亏损以"-"号填列）	15	¥4,598,500.00	¥3,690,900.00
19	加：营业外收入	16	¥15,800.00	¥7,700.00
20	减：营业外支出	17	¥26,400.00	¥23,200.00
21	三、利润总额（亏损总额以"-"号填列）	18	¥4,587,900.00	¥3,675,400.00
22	减：所得税费用	19	¥954,300.00	¥782,600.00
23	四、净利润（净亏损以"-"号填列）	20	¥3,633,600.00	¥2,892,800.00
24	（一）归属于母公司所有者的净利润	21	¥3,633,600.00	¥2,892,800.00
25	（二）被合并方在合并前实现净利润	22	--	--
26	（三）少数股东损益	23	--	--
27	五、每股收益			
28	（一）基本每股收益（元）	24	¥1.73	¥1.40
29	（二）稀释每股收益（元）	25	¥1.73	¥1.40

图 10.11　"000001" 文件夹下的 2021 年度利润表

📞 **提示**：虽然 3 张报表的代码有非常多的相似之处，但是在实际开发中，一般会进行重构处理，这里为了不让代码过于复杂以及方便讲解和读者阅读，暂时不进行重构，在后面会给出重构后的完整代码。

10.4.3 创建现金流量表

同样，根据模板进行区域划分可分为 5 个区域，其中，第 4 区只有一个对应的数据字段，如图 10.12 所示。

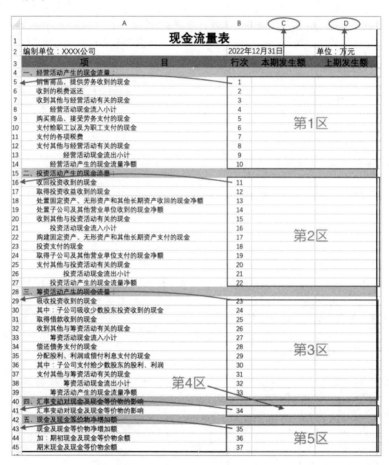

图 10.12 现金流量表分区图

本节也提供了一个与各字段对应的列表 XJLLB_COLS，用来存储与单元格对应的数据点的字段名，第一个元素同样为"报告日期"（/10/const_parmeter.py）。

```
# 现金流量表的数据字段
XJLLB_COLS = ['报告日期',' 销售商品、提供劳务收到的现金(万元)',' 收到的税费返还(万
元)',' 收到的其他与经营活动有关的现金(万元)',' 经营活动现金流入小计(万元)',' 购
买商品、接受劳务支付的现金(万元)',' 支付给职工以及为职工支付的现金(万元)',' 支付的各
项税费(万元)',' 支付的其他与经营活动有关的现金(万元)',' 经营活动现金流出小计(万
```

元)',' 经营活动产生的现金流量净额(万元)',' 收回投资所收到的现金(万元)',' 取得投资收益所收到的现金(万元)',' 处置固定资产、无形资产和其他长期资产所收回的现金净额(万元)',' 处置子公司及其他营业单位收到的现金净额(万元)',' 收到的其他与投资活动有关的现金(万元)',' 投资活动现金流入小计(万元)',' 购建固定资产、无形资产和其他长期资产所支付的现金(万元)',' 投资所支付的现金(万元)',' 取得子公司及其他营业单位支付的现金净额(万元)',' 支付的其他与投资活动有关的现金(万元)',' 投资活动现金流出小计(万元)',' 投资活动产生的现金流量净额(万元)',' 吸收投资收到的现金(万元)',' 其中:子公司吸收少数股东投资收到的现金(万元)',' 取得借款收到的现金(万元)',' 收到其他与筹资活动有关的现金(万元)',' 筹资活动现金流入小计(万元)',' 偿还债务支付的现金(万元)',' 分配股利、利润或偿付利息所支付的现金(万元)',' 其中:子公司支付给少数股东的股利、利润(万元)',' 支付其他与筹资活动有关的现金(万元)',' 筹资活动现金流出小计(万元)',' 筹资活动产生的现金流量净额(万元)',' 汇率变动对现金及现金等价物的影响(万元)',' 现金及现金等价物净增加额(万元)',' 加:期初现金及现金等价物余额(万元)',' 期末现金及现金等价物余额(万元)']

> **注意**:3 个列表变量的值必须是其 DataFrame 对象列标签中存在的,不能存储 DataFrame 中不存在的值,否则会报错。

有了上述的准备工作,接下来进行逻辑代码的编写,具体实现代码如下(/10/5.create_xjllb.py):

```python
import pandas as pd
from openpyxl import Workbook, load_workbook
import os

import const_parmeter,my_utilis

def create_xjllb(code):
    '''
    创建现金流量表
    :param code: - 股票代码,如中国银行的股票代码为 601988
    :type code: string
    '''

    # 转换之后的数据源文件路径
    file_path=f'{const_parmeter.DOWNLOAD_FILE_DIR_PATH}{const_parmeter.XJLLB_PREFIX}{code}.xlsx'
    # 判断文件是否存在,如果不存在则直接返回
    if not os.path.exists(file_path):
        print(f'不存在 {code} 的现金流量表转换数据文件,请确认是否转换成功')
        return

    # 用来存放对应 code 所生成的数据文件的文件夹路径
    dir_path = os.path.join(const_parmeter.REPORT_FILE_DIR_PATH, code)
    # 创建文件夹路径目录结构
```

```python
    if not my_utilis.create_directory(dir_path):
        print('创建保存报表目录报错啦')
        return

    # 将转换之后的 Excel 文件加载到 DataFrame 中
    df = pd.read_excel(file_path, index_col=0 , usecols=const_parmeter.XJLLB_COLS)

    # 通过 DataFrame 的 shape 属性获取行数
    rows = df.shape[0]

    for i in range(0, rows-1):
        # 获取的索引值为当前年度的时间字符串
        date_str = df.index[i]
        # 从字符串中取出年份值
        year = my_utilis.get_year_from_str(date_str)
        print(year)
        # 拼接保存文件的路径
        file_path = os.path.join(dir_path,f'{year}年度报表.xlsx')
        if os.path.exists(file_path):                # 报表文件已经存在
            # 加载报表文件,创建 Workbook 对象
            wb = load_workbook(file_path)
        else: # 如果报表文件不存在
            # 通过报表模板文件创建 Workbook 对象
            wb = load_workbook(const_parmeter.TEMPLATE_FILE_PATH)

        # 获取利润表模板所在的 Worksheet 对象
        ws = wb['现金流量表模板']
        # 修改 sheet 的 title
        ws.title = '现金流量表'
        # 将 B2 单元格的值设置为当前行索引值,表示报表日期
        ws['B2'] = date_str

        # 进行工作表单元格赋值
        _handle_xjllb(ws, df, i, i+1)
        # 保存文件
        wb.save(file_path)
        # 关闭 Workbook 对象
        wb.close()
        print(f'{year}年度现金流量表创建成功')

    print(f'{code} 已有数据的现金流量表创建成功')
```

```python
def _handle_xjllb(ws, df, this_year_row_index, last_year_row_index):
    '''
    填充现金流量表数据
    :param ws: - 需要填充数据的 Sheet 对象
    :type ws: openpyxl.worksheet.worksheet.Worksheet
    :param df: - Dataframe
    :type df: openpyxl.workbook.workbook.Worksheet
    :param this_year_row_index: - 本年度的数据所在的 DataFrame 中的行索引
    :type this_year_row_index: int
    :param last_year_row_index: - 上一年度的数据所在的 DataFrame 中的行索引
    :type last_year_row_index: int
    '''

    # 获取列标签
    param_names = const_parmeter.XJLLB_COLS
    # 有多少数据要进行填充
    params_count = len(param_names)

    # 通过遍历列标签进行单元格值赋值
    for i in range(1, params_count):
        # index 表示单元格的行号
        # 根据列标签来计算行号
        if i < 11:                      # 第1区
            index = i + 4
        elif 11 <= i < 23:              # 第2区
            index = i + 5
        elif 23 <= i < 34:              # 第3区
            index = i + 6
        elif i == 34:                   # 第4区
            index = i + 7
        else:                           # 第5区
            index = i + 8

        # 从 DataFrame 中获取当前年度的值
        val1 = df.iloc[this_year_row_index].at[param_names[i]]
        # 赋值当前年度的值
        ws[f'C{index}'] = ('--' if '--' in str(val1) else float(val1))

        # 从 DataFrame 中获取上一年度的值
        val2 = df.iloc[last_year_row_index].at[param_names[i]]
        # 赋值上一年度的值
        ws[f'D{index}'] = ('--' if '--' in str(val2) else float(val2))
```

在上面的代码中提供了一个入门函数 create_xjllb()和一个用于具体给单元格赋值的函数_handle_xjllb()，笔者基本对每行逻辑代码都进行了详细的注释，这里就不做过多解释了。

执行 create_xjllb('000001')命令会得到如图 10.13 所示的现金流量表数据。

现金流量表

编制单位：XXXX公司	2021-12-31		单位：万元
项　　　目	行次	本期发生额	上期发生额
一、经营活动产生的现金流量：			
销售商品、提供劳务收到的现金	1	--	--
收到的税费返还	2	--	--
收到其他与经营活动有关的现金	3	¥4,330,500.00	¥4,699,600.00
经营活动现金流入小计	4	¥48,604,800.00	¥65,361,200.00
购买商品、接受劳务支付的现金	5	--	--
支付给职工以及为职工支付的现金	6	¥2,056,000.00	¥1,782,900.00
支付的各项税费	7	¥2,341,100.00	¥2,452,500.00
支付其他与经营活动有关的现金	8	¥3,923,300.00	¥2,365,700.00
经营活动现金流出小计	9	¥67,878,100.00	¥66,977,300.00
经营活动产生的现金流量净额	10	-¥19,273,300.00	-¥1,616,100.00
二、投资活动产生的现金流量：			
收回投资收到的现金	11	¥48,316,000.00	¥66,196,700.00
取得投资收益收到的现金	12	¥3,601,700.00	¥3,694,200.00
处置固定资产、无形资产和其他长期资产收回的现金净额	13	¥55,900.00	¥37,700.00
处置子公司及其他营业单位收到的现金净额	14	--	--
收到其他与投资活动有关的现金	15	--	--
投资活动现金流入小计	16	¥51,973,600.00	¥69,928,600.00
购建固定资产、无形资产和其他长期资产支付的现金	17	¥661,400.00	¥349,000.00
投资支付的现金	18	¥55,357,700.00	¥67,985,200.00
取得子公司及其他营业单位支付的现金净额	19	--	--
支付其他与投资活动有关的现金	20	--	--
投资活动现金流出小计	21	¥56,019,100.00	¥68,334,200.00
投资活动产生的现金流量净额	22	-¥4,045,500.00	¥1,594,400.00
三、筹资活动产生的现金流量：			
吸收投资收到的现金	23	--	--
其中：子公司吸收少数股东投资收到的现金	24	--	--
取得借款收到的现金	25	--	--
收到其他与筹资活动有关的现金	26	--	--
筹资活动现金流入小计	27	¥111,279,900.00	¥80,657,000.00
偿还债务支付的现金	28	¥91,774,000.00	¥69,040,000.00
分配股利、利润或偿付利息支付的现金	29	¥1,123,700.00	¥990,400.00
其中：子公司支付给少数股东的股利、利润	30	--	--
支付其他与筹资活动有关的现金	31	--	--
筹资活动现金流出小计	32	¥93,173,500.00	¥70,316,900.00
筹资活动产生的现金流量净额	33	¥18,106,400.00	¥10,340,100.00
四、汇率变动对现金及现金等价物的影响			
汇率变动对现金及现金等价物的影响	34	-¥160,400.00	-¥329,200.00
五、现金及现金等价物净增加额			
现金及现金等价物净增加额	35	-¥5,372,800.00	¥9,989,200.00
加：期初现金及现金等价物余额	36	¥27,895,000.00	¥17,905,800.00
期末现金及现金等价物余额	37	¥22,522,200.00	¥27,895,000.00

资产负债表模板　利润表　现金流量表

图 10.13　“000001”文件夹下的 2021 年度现金流量表

☎提示：3 张报表的创建顺序是随意的，不一定要遵照本书的讲解顺序。

至此，3 张财务报表的制作就已经完成了。当然，实际上每个公司的财务报表都不同。读者可以根据自己的实际需求，结合本书介绍的内容进行相应的处理。

10.4.4　代码重构

前面讲解的报表有非常多的代码是相似的，并且处理的流程也是一样的。在这种情况下我们可以对代码进行重构，以便更好地维护代码。

重构之后的完整代码如下（/10/create_financial_reports.py）：

```python
import pandas as pd
from openpyxl import Workbook, load_workbook
import os

import const_parmeter,my_utilis


def create_financial_reports(code, reports_type):

    if reports_type == const_parmeter.ReportType.ZCFZB:
        data_file_path = f'{const_parmeter.DOWNLOAD_FILE_DIR_PATH}{const_parmeter.ZCFZB_PREFIX}{code}.xlsx'
        usecols = const_parmeter.ZCFZB_COLS
    elif reports_type == const_parmeter.ReportType.LRB:
        data_file_path = f'{const_parmeter.DOWNLOAD_FILE_DIR_PATH}{const_parmeter.LRB_PREFIX}{code}.xlsx'
        usecols = const_parmeter.LRB_COLS
    else:
        data_file_path = f'{const_parmeter.DOWNLOAD_FILE_DIR_PATH}{const_parmeter.XJLLB_PREFIX}{code}.xlsx'
        usecols = const_parmeter.XJLLB_COLS


    # 判断文件是否存在，如果不存在则直接返回
    if not os.path.exists(data_file_path):
        print(f'不存在 {code} 的资产负债表转换数据文件，请确认是否转换成功')
        return

    # 用来存放对应code所生成的数据文件的文件夹路径
    dir_path = os.path.join(const_parmeter.REPORT_FILE_DIR_PATH, code)
    # 创建文件夹目录
    if not my_utilis.create_directory(dir_path):
        print('创建保存报表目录报错啦')
        return

    # 将转换之后的Excel文件加载到DataFrame中
    df = pd.read_excel(data_file_path, index_col=0, usecols=usecols)

    # 通过DataFrame的shape属性获取行数
    rows = df.shape[0]
```

```python
        for i in range(0, rows-1):
            # 获取的索引值为当前年度的时间字符串
            date_str = df.index[i]
            # 从字符串中取出年份值
            year = my_utilis.get_year_from_str(date_str)

            # 拼接保存文件的路径
            file_path = os.path.join(dir_path,f'{year}年度报表.xlsx')
            if os.path.exists(file_path):            # 如果报表文件已经存在
                # 加载报表文件,创建Workbook对象
                wb = load_workbook(file_path)
            else:  # 如果报表文件不存在
                # 通过报表模板文件创建Workbook对象
                wb = load_workbook(const_parmeter.TEMPLATE_FILE_PATH)

            if reports_type == const_parmeter.ReportType.ZCFZB:
                _handle_zcfzb(wb, df, i, i+1, date_str)
            elif reports_type == const_parmeter.ReportType.LRB:
                _handle_lrb(wb, df, i,i+1, date_str)
            else:
                _handle_xjllb(wb, df, i,i+1, date_str)

            # 将填充好数据的Workbook对象保存到Excel文件中
            wb.save(file_path)
            # 关闭Workbook对象
            wb.close()
            print(f'{year}年度已经创建成功')

        print(f'{code}已有数据的资产负债表创建成功')

def _handle_zcfzb(wb, df, this_year_row_index, last_year_row_index, date_str):
    '''
    填充资产负债表数据
    :param ws: - 需要填充数据的Sheet对象
    :type ws: openpyxl.worksheet.worksheet.Worksheet
    :param df: - Dataframe
    :type df: openpyxl.workbook.workbook.Worksheet
    :param this_year_row_index: - 本年度的数据所在的DataFrame中的行索引
    :type this_year_row_index: int
    :param last_year_row_index: - 上一年度的数据所在的DataFrame中的行索引
    :type last_year_row_index: int
    '''
```

```python
# 获取资产负债表所在的Sheet
ws = wb['资产负债表模板']
# 设置Sheet的title
ws.title = '资产负债表'
# 将E3单元格的值设置为当前行索引值
ws['E3'] = date_str

# 获取列标签
param_names = const_parmeter.ZCFZB_COLS
# 有多少数据要进行填充
params_count = len(param_names)
# 当前年度数据所在的列标签
this_col = 'C'
# 上一年度数据所在的列标签
last_col = 'D'
for i in range(1, params_count):
    # 计算Sheet中的"行号""列号"
    if i < 26:
        index = i + 5
    elif 26 <= i < 53:
        index = i + 6
    elif 53 <= i <= 77:
        index = i - 47
        this_col = 'G'
        last_col = 'H'
    elif 77 < i <= 87:
        index = i - 46
        this_col = 'G'
        last_col = 'H'
    else:
        index = i - 43
        this_col = 'G'
        last_col = 'H'

    # val1 表示当前年份的值
    val1 = df.iloc[this_year_row_index].at[param_names[i]]
    # val2 表示上一年份的值
    val2 = df.iloc[last_year_row_index].at[param_names[i]]

    #赋值
    ws[f'{this_col}{index}'] = ('--' if '--' in str(val1) else float(val1))
```

```python
            ws[f'{last_col}{index}'] = ('--' if '--' in str(val2) else
float(val2))

def _handle_lrb(wb, df, this_year_row_index, last_year_row_index,
date_str):
    '''
    填充利润表数据
    :param ws: - 需要填充数据的 Sheet 对象
    :type ws: openpyxl.worksheet.worksheet.Worksheet
    :param df: - Dataframe
    :type df: openpyxl.workbook.workbook.Worksheet
    :param this_year_row_index: - 本年度的数据所在的 DataFrame 中的行索引
    :type this_year_row_index: int
    :param last_year_row_index: - 上一年度的数据所在的 DataFrame 中的行索引
    :type last_year_row_index: int
    '''

    # 获取利润表模板所在的 Worksheet 对象
    ws = wb['利润表模板']
    # 修改 sheet 的 title
    ws.title = '利润表'
    # 将 B2 单元格的值设置为当前行索引值，表示报表日期
    ws['B2'] = date_str

    # 获取列标签
    param_names = const_parmeter.LRB_COLS
    # 有多少数据要进行填充
    params_count = len(param_names)

    # 通过遍历列标签进行单元格值赋值
    for i in range(1, params_count):
        # index 表示单元格的行号
        # 根据列标签来计算行号
        if i < 14:
            index = i + 3
        elif 14 <= i < 24:
            index = i + 4
        else:
            index = i + 5

        # 从 DataFrame 中获取当前年度的值
        val1 = df.iloc[this_year_row_index].at[param_names[i]]
        # 赋值当前年度的值
```

```python
            ws[f'C{index}'] = ('--' if '--' in str(val1) else float(val1))

            # 从 DataFrame 中获取上一年度的值
            val2 = df.iloc[last_year_row_index].at[param_names[i]]
            # 赋值上一年度的值
            ws[f'D{index}'] = ('--' if '--' in str(val2) else float(val2))

def _handle_xjllb(wb, df, this_year_row_index, last_year_row_index, date_str):
    '''
    填充现金流量表数据
    :param ws: - 需要填充数据的 Sheet 对象
    :type ws: openpyxl.worksheet.worksheet.Worksheet
    :param df: - Dataframe
    :type df: openpyxl.workbook.workbook.Worksheet
    :param this_year_row_index: - 本年度的数据所在的 DataFrame 中的行索引
    :type this_year_row_index: int
    :param last_year_row_index: - 上一年度的数据所在的 DataFrame 中的行索引
    :type last_year_row_index: int
    '''

    # 获取利润表模板所在的 Worksheet 对象
    ws = wb['现金流量表模板']
    # 修改 sheet 的 title
    ws.title = '现金流量表'
    # 将 B2 单元格的值设置为当前行索引值，表示报表日期
    ws['B2'] = date_str

    # 获取列标签
    param_names = const_parmeter.XJLLB_COLS
    # 有多少数据要进行填充
    params_count = len(param_names)

    # 通过遍历列标签进行单元格值赋值
    for i in range(1, params_count):
        # index 表示单元格的行号
        # 根据列标签来计算行号
        if i < 11:
            index = i + 4
        elif 11 <= i < 23:
            index = i + 5
        elif 23 <= i < 34:
            index = i + 6
```

```
        elif i == 34:
            index = i + 7
        else:
            index = i + 8

        # 从 DataFrame 中获取当前年度的值
        val1 = df.iloc[this_year_row_index].at[param_names[i]]
        # 赋值当前年度的值
        ws[f'C{index}'] = ('--' if '--' in str(val1) else float(val1))

        # 从 DataFrame 中获取上一年度的值
        val2 = df.iloc[last_year_row_index].at[param_names[i]]
        # 赋值上一年度的值
        ws[f'D{index}'] = ('--' if '--' in str(val2) else float(val2))
```

重构主要是针对 3 个入口函数，将 3 个入口函数整合成了一个入口函数 create_financial_reports(code, reports_type)，通过 reports_type 参数来区别要创建哪个报表数据。

reports_type 的值从以下定义中获取（/10/const_parmeter.py）：

```
from enum import Enum
class ReportType(Enum):
    '''
    报表类型
    '''
    ZCFZB = '资产负债表'
    LRB = '利润表'
    XJLLB = '现金流量表'
```

例如，要创建 000001 文件夹下的所有现金流量表，可执行如下代码：

```
create_financial_reports('000001',const_parmeter.ReportType.XJLLB)
```

10.5 小　　结

本章从数据采集、数据清洗和创建报表等方面详细讲解了三大财务报表的制作过程。通过 Requests 库从网络上获取数据源，利用 Pandas 进行数据整理，然后利用 Pandas 加载处理完的数据，通过 Openpyxl 加载模板文件或者已经创建的 Excel 文件，将 Pandas 中的数据赋值到 Openpyxl 中，进而制作出各种报表数据文件。

本章使用的报表模板都是事先准备好的，这样会大大减少项目的难度。读者可以尝试使用 Openpyxl 来制作这三张报表的模板文件，然后再进行数据填充。

第 11 章 财务数据分析项目实战

本章根据第 10 章获取的 3 张财务报表数据进行相应指标的分析，主要涉及资产负债率、现金比率及利润相关数据的分析，其中也会讲解 Pandas 的一些新的知识点。

11.1 项目准备

关于项目中的几点说明如下：
- 本项目的文件目录结构与第 10 章的项目目录结构一致。
- 本项目使用的数据为第 10 章进行格式转换之后的数据。
- 读者也可以直接在第 10 章的项目文件下编写代码。本章单独创建一个文件目录是为了方便讲解。

所有的文件都放在"11"文件夹下，在其下创建 data/download_data 目录，并将在第 10 章中进行格式转换之后的 xlsx 格式文件复制到 dataload_data 文件夹中。例如，"000002"文件夹，格式转换之后它的 3 个文件分别为 zcfzb_000002.xlsx、xjllb_000002.xlsx 和 lrb_000002.xlsx。财务分析图表 Excel 文件放在 data/analysis 目录下。

> 说明：由于本项目数据来源于第三方平台，其数据的整合及一些数据字段的意义可能会有一定的差异，读者无须过多关注这些数据，而要重点关注处理方式。

在"11"文件夹下添加一个名为 const_parmeter.py 的文件，用于存入一些"常量"：

```
# 存储数据的父级位置
FILE_DIR_PATH = './11/data/'

# 下载数据的存储位置
DOWNLOAD_FILE_DIR_PATH =f'{FILE_DIR_PATH}download_data/'
# 生成数据的存储位置
ANALYSIS_FILE_DIR_PATH = f'{FILE_DIR_PATH}analysis/'

# 创建资产负债表文件的前缀
ZCFZB_PREFIX = 'zcfzb_'
```

```
# 创建利润表文件的前缀
LRB_PREFIX = 'lrb_'
# 创建现金流量表文件的前缀
XJLLB_PREFIX = 'xjllb_'
```

11.2　资产负债率分析

资产负债率又称负债比率或举债经营比率，用来表示负债总额与全部资产总额之比，以衡量一个企业利用债权人提供资金进行经营活动的能力，反映债权人发放贷款的安全程度。

资产负债率的计算公式为资产负债率 =(负债总额 / 资产总额) × 100%。

负债总额和资产总额都在“资产负债表”里，所以只需要使用 zcfzb_000002.xlsx 文件即可。

本节会通过两种方式来计算资产负债率：

- 通过 Pandas 进行计算。优点：这种方式比较简单，能一次性地使用 Pandas 将数据整理好并写入工作表。缺点：如果“负债总额”或者“资产总额”需要在生成的 Excel 文件中进行手动调整，则“资产负债率”无法进行联动。
- 通过 Excel 进行处理。这种方式是在工作表各列的位置上填写“资产负债率”的计算公式，由 Excel 进行计算。优点：“资产负债率”的值能联动变动。缺点：需要在添加的“资产负债率”列的单元格中填写计算公式。

上述两种方式创建的 Excel 文件的区别如图 11.1 所示。

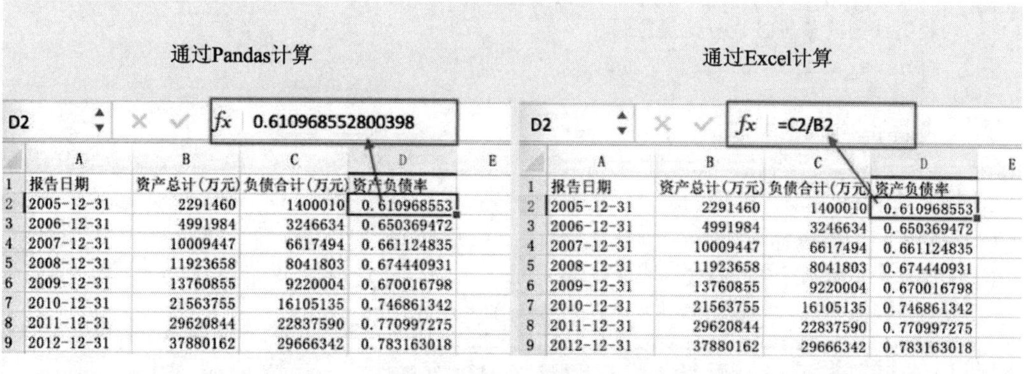

	A	B	C	D
1	报告日期	资产总计(万元)	负债合计(万元)	资产负债率
2	2005-12-31	2291460	1400010	0.610968553
3	2006-12-31	4991984	3246634	0.650369472
4	2007-12-31	10009447	6617494	0.661124835
5	2008-12-31	11923658	8041803	0.674440931
6	2009-12-31	13760855	9220004	0.670016798
7	2010-12-31	21563755	16105135	0.746861342
8	2011-12-31	29620844	22837590	0.770997275
9	2012-12-31	37880162	29666342	0.783163018

	A	B	C	D
1	报告日期	资产总计(万元)	负债合计(万元)	资产负债率
2	2005-12-31	2291460	1400010	0.610968553
3	2006-12-31	4991984	3246634	0.650369472
4	2007-12-31	10009447	6617494	0.661124835
5	2008-12-31	11923658	8041803	0.674440931
6	2009-12-31	13760855	9220004	0.670016798
7	2010-12-31	21563755	16105135	0.746861342
8	2011-12-31	29620844	22837590	0.770997275
9	2012-12-31	37880162	29666342	0.783163018

图 11.1　通过 Panda 计算和 Excel 公式计算在 Excel 文件中的区别

下面通过实例代码来讲解“资产负债率”的处理过程（/11/debt_rate_analysis.py）：

```
import pandas as pd
```

```python
from openpyxl.utils.dataframe import dataframe_to_rows
from openpyxl import Workbook
from openpyxl.chart import(LineChart, BarChart, Reference)

from const_parmeter import DOWNLOAD_FILE_DIR_PATH,ANALYSIS_FILE_DIR_PATH,
ZCFZB_PREFIX, FILE_DIR_PATH


def _create_line_chart(ws, max_row):
    '''
    创建用于绘制"资产负债率"的折线图
    :param ws: - 存放数据的 Worksheet 对象
    :type ws: openpyxl.worksheet.worksheet.Worksheet
    :param max_row: - 最后一行数据对应的行号
    :type max_row: int
    '''

    line = LineChart()

    # 创建"资产负债率"的数据选区
    data = Reference(ws, min_col=4, min_row=1, max_row=max_row)
    line.add_data(data, titles_from_data=True)

    # 创建横轴显示选区
    labels = Reference(ws, min_col=1, min_row=2, max_row=max_row)
    line.set_categories(labels)

    # 设置折线图所在的 y 轴标题
    line.y_axis.title = '资产负债率'
    # 折线图的 y 轴按百分比进行显示
    line.y_axis.number_format = '0.00%'

    return line

def _create_bar_chart(ws, max_row):
    '''
    创建用于绘制"资产总计"的柱形图
    :param ws: - 存放数据的 Worksheet 对象
    :type ws: openpyxl.worksheet.worksheet.Worksheet
    :param max_row: - 最后一行数据对应的行号
    :type max_row: int
    '''

    bar_chart = BarChart()
```

```python
    # 创建"资产总计"的数据选区
    data = Reference(ws, min_col=2, min_row=1, max_row=max_row)
    bar_chart.add_data(data, titles_from_data=True)

    # 使"资产总计"柱形图的y轴显示在图形的右边
    bar_chart.y_axis.crosses = 'max'
    # 设置"资产总计"柱形图的y轴标题
    bar_chart.y_axis.title = '资产总计'
    # 设置"资产总计"柱形图的y轴刻度显示方式
    bar_chart.y_axis.number_format = '¥#,##0_-'
    # 设置柱形图的y轴axId,此项必须进行设置,并且在一个大的图形对象中,要保证axId
      的值是唯一的
    bar_chart.y_axis.axId = 200
    # 设置柱形图的水平网络线不显示
    bar_chart.y_axis.majorGridlines = None

    return bar_chart

def debt_rate_analysis(code, is_excel_cal=True):
    '''
    执行"资产负债率"分析函数
    :param code: - 股票代码
    :type code: string
    :param is_excel_cal: - 是否使用Excel计算"资产负债率"
    :type boolean
    '''

    # 拼接转换格式之后的Excel文件路径
    file_path = f'{DOWNLOAD_FILE_DIR_PATH}{ZCFZB_PREFIX}{code}.xlsx'

    # 将转换之后的Excel文件加载到DataFrame中,并只加载其中的'报告日期','负债合计
      (万元)','资产总计(万元)'两列数据
    # index_col=None 表示不指定行标签列
    df = pd.read_excel(file_path, index_col=None, usecols=['报告日期','负债合计(万元)','资产总计(万元)'])

    # 将df行进行反转,即第一行变成最后一行,最后一行变成第一行,以此类推
    # 进行反转,让日期从远到近进行排序
    df = df.iloc[::-1]

    wb = Workbook()
    ws = wb.active
```

```python
    if not is_excel_cal:  # 表示让 Pandas 来计算"资产负债率"
        # 向 df 中添加一个新列,并命名为"资产负债率",并且它的值是由"负债合计(万元)"
        # 和"资产总计(万元)"列计算得出
        df['资产负债率'] = df['负债合计(万元)'] / df['资产总计(万元)']

    # 将创建整理好的 DataFrame 对象的数据添加到 Worksheet 中
    # index=False 表示写入数据时,忽略 DataFrame 的行标签列
    # header=True 表示写入数据时,将第 1 行的列标签写入,例如:'报告日期','负债合计
    # (万元)','资产总计(万元)' ,如果是由 Pandas 计算"资产负债率",则会写入'报告日
    # 期','负债合计(万元)','资产总计(万元)','资产负债率'
    for row in dataframe_to_rows(df, index=False, header=True):
        ws.append(row)

    # 将 Sheet 的左上角第一个单元格的值设置为"报告日期"
    ws['A1'] = '报告日期'
    # 获取 Sheet 中最后一行的行号
    max_row = ws.max_row

    if is_excel_cal:                    # 表示由 Excel 来计算"资产负债率"
        # 在 Sheet 中添加一个新列,列名为"资产负债率"
        ws['D1'] = '资产负债率'
        # 设置新列的每个单元格的公式
        for i in range(2, max_row+1):
            ws[f'D{i}'] = f'=C{i}/B{i}'

    # 让单元格的宽度进行自适应
    for cell in ws[max_row]:
        ws.column_dimensions[cell.column_letter].bestFit = True

    # 创建用于表示"资产负债率"的折线图
    line_chart = _create_line_chart(ws, max_row)

    # 创建用于表示"资产总计"的柱形图
    bar_chart = _create_bar_chart(ws, max_row)

    # 使用"+="将柱形图与折线图进行组合
    line_chart += bar_chart
    # 设置组合后的图形的宽度
    line_chart.width = 25
    # 设置组合后的图形的高度
    line_chart.height = 13
    # 设置组合后的图形的 title
```

```
line_chart.title = f'{code} 资产负债率分析'
# 将组合后的图形添加至Worksheet中,并且图形的左上角的锚点位于Sheet的"F2"位
  置上
ws.add_chart(line_chart, anchor='F2')

# 拼接用于存放分析图表文件的文件路径
save_file = f'{ANALYSIS_FILE_DIR_PATH}{code}_debt_rate.xlsx'

# 保存文件
wb.save(save_file)
```

> **注意**:再次强调一下,如果是将多个图形进行组合,那么一定要设置axId属性的值。

笔者在代码中添加了非常详细的注释,这里就不再讲解了。

以上代码可以分为3个函数段:

- debt_rate_analysis(code, is_excel_cal=True)函数:执行"资产负债率"分析并创建文件的入口函数,其中,is_excel_cal=True 表示使用 Excel 来计算"资产负债率",is_excel_cal=False 表示使用 Pandas 来计算"资产负债率"。
- _create_line_chart(ws, max_row)函数:用于绘制"资产负债率"折线图,其中,max_row 表示 Excel 最后一行数据的行号。
- _create_bar_chart(ws, max_row)函数:用于绘制"资产合计"柱形图,其中,max_row 表示 Excel 最后一行数据的行号。

执行以下代码,将会生成如图 11.2 所示的"资产负债率"分析图表。

```
debt_rate_analysis('000002')
```

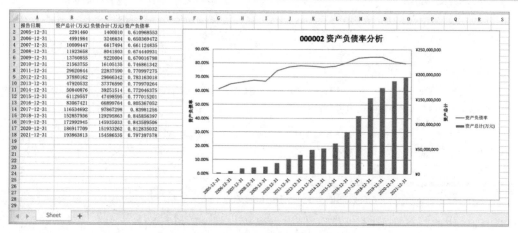

图 11.2 "资产负债率"分析图表

11.3　现金比率分析

现金比率是指一个企业的现金同流动负债的比率。这里说的现金包括现金和现金等价物。现金比率可以衡量一个企业立即偿还到期债务的能力。

现金比率的计算公式为：现金比率 = 现金 / 流动负债。

"现金比率"的计算数据来源于两个 Excel 文件，分别是资产负债表和现金流量表，因此在数据处理上比"资产负债率"分析的逻辑代码复杂一些。

处理流程如下：

（1）使用 Pandas 分别加载两个文件并生成两个 DataFrame 对象。

（2）使用 Pandas 的 merge()函数将这两个 DataFrame 对象以行索引值为 key 合并成一个 DataFrame。

（3）使用 Pandas 计算"现金比率"（该步不是必须要执行的）。

（4）将 DataFrame 中的数据写入 Openpyxl 的 Worksheet 对象。

（5）使用 Excel 计算"现金比率"的值，向 Worksheet 中插入一个"现金比率"列，并为每个单元格赋上公式。

代码逻辑同样提供了两种方式来计算"现金比率"，分别是使用 Pandas 计算和使用 Excel 计算。

下面通过实例代码来讲解"资产负债率"的处理过程（/11/cash_ratio_analysis.py）：

```python
import pandas as pd
from openpyxl.utils.dataframe import dataframe_to_rows
from openpyxl import Workbook
from openpyxl.chart import(LineChart, BarChart, Reference)

from const_parmeter import DOWNLOAD_FILE_DIR_PATH,ANALYSIS_FILE_DIR_PATH,ZCFZB_PREFIX,XJLLB_PREFIX

def _create_line_chart(ws, max_row):
    '''
    创建用于绘制"现金比率"的折线图
    :param ws: - 存放数据的 Worksheet 对象
    :type ws: openpyxl.worksheet.worksheet.Worksheet
    :param max_row: - 最后一行数据对应的行号
    :type max_row: int
    '''
    line = LineChart()
```

```python
    # 创建"现金比率"的数据选区
    data = Reference(ws, min_col=4, min_row=1, max_row=max_row)
    line.add_data(data, titles_from_data=True)

    # 创建横轴显示选区
    labels = Reference(ws, min_col=1, min_row=2, max_row=max_row)
    line.set_categories(labels)

    # 设置折线图所在的 y 轴标题
    line.y_axis.title = '现金比率'
    # 设置折线图的 y 轴按百分比进行显示
    line.y_axis.number_format = '0.00'

    return line

def _create_bar_chart(ws, max_row):
    '''
    创建用于绘制"现金"的柱形图
    :param ws: - 存放数据的 Worksheet 对象
    :type ws: openpyxl.worksheet.worksheet.Worksheet
    :param max_row: - 最后一行数据对应的行号
    :type max_row: int
    '''
    bar_chart = BarChart()
    # 创建"现金"的数据选区
    data = Reference(ws, min_col=3, min_row=1, max_row=max_row)
    bar_chart.add_data(data, titles_from_data=True)

    # 使"现金"柱形图的 y 轴显示在图形的右边
    bar_chart.y_axis.crosses = 'max'
    # 设置"现金"柱形图的 y 轴标题
    bar_chart.y_axis.title = '现金'
    # 设置"现金"柱形图的 y 轴刻度显示方式
    bar_chart.y_axis.number_format = '¥#,##0_-'
    # 设置柱形图的 y 轴 axId, 此项必须要设置, 并且在一个大的图形对象中要保证 axId 的值
      是唯一的
    bar_chart.y_axis.axId = 200
    # 设置柱形图的水平网络线不显示
    bar_chart.y_axis.majorGridlines = None

    return bar_chart
```

```python
def cash_ratio_analysis(code, is_excel_cal=True):
    '''
    执行"现金比率"分析函数
    :param code: - 股票代码
    :type code: string
    :param is_excel_cal: - 是否使用 Excel 来计算"现金比率"
    :type boolean
    '''

    # 资产负债表转换后的文件路径
    file_path = f'{DOWNLOAD_FILE_DIR_PATH}{ZCFZB_PREFIX}{code}.xlsx'
    # 将转换之后的资产负债表 Excel 文件加载到 DataFrame 中
    zcfzb_df = pd.read_excel(file_path, index_col=0, usecols=['报告日期', '流动负债合计(万元)'])

    # 现金流量表转换后的文件路径
    xjllb_file = f'{DOWNLOAD_FILE_DIR_PATH}{XJLLB_PREFIX}{code}.xlsx'
    # 将转换之后的资产负债表 Excel 文件加载到 DataFrame 中
    xjllb_df = pd.read_excel(xjllb_file, index_col=0, usecols=['报告日期', '期末现金及现金等价物余额(万元)'])

    # 将 zcfzb_df 和 xjllb_file 根据它们的行标签合并成一个 DataFrame
    df = pd.merge(zcfzb_df, xjllb_df, left_index=True, right_index=True, sort=True)

    # 重命名列标签名称
    df = df.rename(columns={
        '流动负债合计(万元)':'流动负债',
        '期末现金及现金等价物余额(万元)':'现金'
    })

    if not is_excel_cal:
        df['现金比率'] = df['现金'] / df['流动负债']

    wb = Workbook()
    ws = wb.active

    # print(df)
    for row in dataframe_to_rows(df, index=True, header=True):
```

```python
        # print(row)
        # DataFrame 会将行标签名称单独放在一行,不需要将它插入 Excel
        if len(row) >= 3:
            ws.append(row)
    max_row = ws.max_row
    ws['A1'].value = '报告日期'

    if is_excel_cal:                        # 表示由 Excel 来计算"现金比率"
        # 在 Sheet 中添加一个新列,列名为"现金比率"
        ws['D1'] = '现金比率'
        # 为新列的每个单元格设置公式
        for i in range(2, max_row+1):
            ws[f'D{i}'] = f'=C{i}/B{i}'

    # 让单元格的宽度进行自适应
    for cell in ws[max_row]:
        ws.column_dimensions[cell.column_letter].bestFit = True

    # 创建用于表示"现金比率"的折线图
    line_chart = _create_line_chart(ws, max_row)
    # 创建用于表示"现金"的柱形图
    bar_chart = _create_bar_chart(ws, max_row)

    # 使用 "+=" 将柱形图与折线图进行组合
    line_chart += bar_chart

    # 设置组合后的图形的宽度
    line_chart.width = 25
    # 设置组合后的图形的高度
    line_chart.height = 13
    # 设置组合后的图形的 title
    line_chart.title = f'{code} 现金比率分析'
    # 将组合后的图形添加至 Worksheet 中,并且图形的左上角的锚点在 Sheet 的 F2 位置
    ws.add_chart(line_chart, anchor='F2')

    # 拼接用于存放分析图表文件的文件路径
    save_file = f'{ANALYSIS_FILE_DIR_PATH}{code}_cash_ratio.xlsx'
    # 保存文件
    wb.save(save_file)
```

第 3 篇　项目实战

> 🔔 **注意**：由于需要合并两个 DataFrame 对象中的数据，所以在使用 Pandas 的 read_excel() 函数时设置了 index_col=0，表示将"报告日期"列作为索引，此时在使用 dataframe_to_rows() 函数时需要注意索引名称应为单独的一列。

执行以下代码，得到如图 11.3 所示的图表。

```
debt_rate_analysis('000002')
```

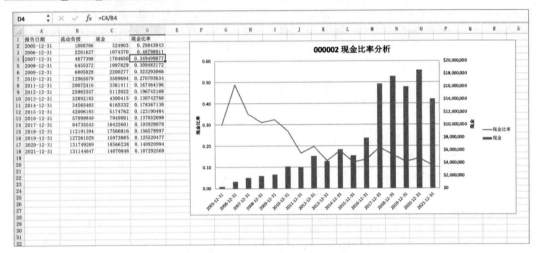

图 11.3　"现金比率"分析图表

11.4　企业盈利分析

通过对利润表的分析，可以看出一个企业的盈利状况及其变化趋势，通过对利润结构的分析，可以判断一个企业持续产生盈利的能力及利润形成的合理性。

本节主要计算两个指标：收支系数和收入利润率。首先来分析各指标的计算公式及其与哪些数据点有关系。

收支系数的计算公式为收支系数 = 主营业务收入 / 成本费用，表示每支出 1 元的成本费用可以获得多少收入。当收支系数大于 1 时，表示每支出 1 元的成本费用就可以获得相应的利润。收支系数与利润表中各字段的对应关系为主营业务收入对应"营业收入"，成本费用对应"营业成本+税金及附加+销售费用+管理费用+研发费用+财务费用"。

收入利润率的计算公式为收入利润率=利润总额/主营业务收入，通过对收入利润率的分析，可以了解企业每实现一元收入所获得的利润水平。

上面 3 个指标的计算，需要用到如图 11.4 所示的利润表的几项数据项。

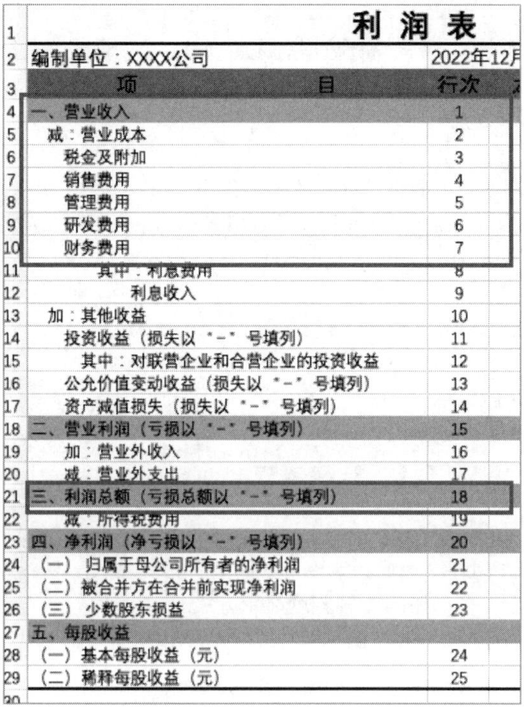

1	利 润 表	
2	编制单位：XXXX公司	2022年12月
3	项　　　目	行次
4	一、营业收入	1
5	减：营业成本	2
6	税金及附加	3
7	销售费用	4
8	管理费用	5
9	研发费用	6
10	财务费用	7
11	其中：利息费用	8
12	利息收入	9
13	加：其他收益	10
14	投资收益（损失以"-"号填列）	11
15	其中：对联营企业和合营企业的投资收益	12
16	公允价值变动收益（损失以"-"号填列）	13
17	资产减值损失（损失以"-"号填列）	14
18	二、营业利润（亏损以"-"号填列）	15
19	加：营业外收入	16
20	减：营业外支出	17
21	三、利润总额（亏损总额以"-"号填列）	18
22	减：所得税费用	19
23	四、净利润（净亏损以"-"号填列）	20
24	（一）归属于母公司所有者的净利润	21
25	（二）被合并方在合并前实现净利润	22
26	（三）少数股东损益	23
27	五、每股收益	
28	（一）基本每股收益（元）	24
29	（二）稀释每股收益（元）	25
30		

图 11.4　需要用到的数据项

接下来通过实例代码进行讲解（/11/lrb_analysis.py）：

```
import pandas as pd
from openpyxl.utils.dataframe import dataframe_to_rows
from openpyxl import Workbook
from openpyxl.chart import(LineChart, BarChart, Reference)
from openpyxl.utils import column_index_from_string

from const_parmeter import DOWNLOAD_FILE_DIR_PATH, ANALYSIS_FILE_DIR_
PATH, LRB_PREFIX

# 需要使用的数据字段
_LRB_COLS = ['报告日期','营业总收入(万元)','营业总成本(万元)','营业税金及附加(万
元)', '销售费用(万元)','管理费用(万元)','研发费用(万元)', '财务费用(万元)', '利润
总额(万元)']


def _create_line_chart(ws, max_row):
    '''
    创建用于绘制“收入利润率”的折线图
    :param ws: - 存放数据的 Worksheet 对象
```

```python
    :type ws: openpyxl.worksheet.worksheet.Worksheet
    :param max_row: - 最后一行数据对应的行号
    :type max_row: int
    '''
    line = LineChart()
    # 创建"收入利润率"的数据选区
    # column_index_from_string()函数用来将列字母转换成数字 如 A→1
    data = Reference(ws, min_col=column_index_from_string('K'), min_row=1,
max_row=max_row)
    line.add_data(data, titles_from_data=True)

    # 创建横轴显示选区
    labels = Reference(ws, min_col=1, min_row=2, max_row=max_row)
    line.set_categories(labels)

    # 设置折线图所在的 y 轴标题
    line.y_axis.title = '收入利润率'
    # 设置"收支系数"柱形图的 y 轴刻度显示方式
    line.y_axis.number_format = '0.00'

    return line


def _create_bar_chart(ws, max_row):
    '''
    创建用于绘制"收支系数"的柱形图
    :param ws: - 存放数据的 Worksheet 对象
    :type ws: openpyxl.worksheet.worksheet.Worksheet
    :param max_row: - 最后一行数据对应的行号
    :type max_row: int
    '''
    bar_chart = BarChart()
    # 创建"收支系数"的数据选区
    # column_index_from_string()函数用来将列字母转换成数字 如 A→1
    data = Reference(ws, min_col=column_index_from_string('J'), min_row=1,
max_row=max_row)
    bar_chart.add_data(data, titles_from_data=True)

    # 设置"收支系数"柱形图的 y 轴显示在图形的右边
    bar_chart.y_axis.crosses = 'max'
    # 设置"收支系数"柱形图的 y 轴标题
    bar_chart.y_axis.title = '收支系数'
```

```python
    # 设置"收支系数"柱形图的 y 轴刻度显示方式
    bar_chart.y_axis.number_format = '0.00'
    # 设置柱形图的 y 轴 axId, 此项必须进行设置, 并且在一个大的图形对象中, 要保证 axId
    # 的值是唯一的
    bar_chart.y_axis.axId = 200
    # 设置柱形图的水平网络线不显示
    bar_chart.y_axis.majorGridlines = None

    return bar_chart

def lrb_analysis(code):
    '''
    执行"利润表"分析函数
    :param code: - 股票代码
    :type code: string
    '''
    # 利润表转换后的文件路径
    file_path = f'{DOWNLOAD_FILE_DIR_PATH}{LRB_PREFIX}{code}.xlsx'
    # 将转换之后的利润表 Excel 文件加载到 DataFrame 中
    df = pd.read_excel(file_path, index_col=None, usecols=_LRB_COLS)

    # 重命名列标签名称
    df = df.rename(columns={
        '营业总收入(万元)':'营业收入',
        '营业总成本(万元)':'营业成本',
        '营业税金及附加(万元)': '税金及附加',
        '销售费用(万元)':'销售费用',
        '管理费用(万元)':'管理费用',
        '研发费用(万元)': '研发费用',
        '财务费用(万元)':'财务费用',
        '利润总额(万元)': '利润总额'
    })

    # 将 df 行进行反转, 即第一行变成最后一行, 最后一行变成第一行, 以此类推
    # 进行反转, 使日期从远到近进行排序
    df = df.iloc[::-1]

    wb = Workbook()
    ws = wb.active

    # 将 DataFrame 中的数据添加到 Worksheet 中
    for row in dataframe_to_rows(df, index=False, header=True):
        ws.append(row)
```

```python
ws['J1'] = '收支系数'
ws['K1'] = '收入利润率'

# 获取 Sheet 中的最后一行数据的行号
max_row = ws.max_row

# 为新列的每个单元格设置公式
for i in range(2, max_row+1):
    # 收支系数 = 营业收入 / (营业成本+税金及附加+销售费用+管理费用+研发费用+财务
      费用)
    ws[f'J{i}'] = f'=B{i}/SUM(C{i}:H{i})'
    # 收入利润率= 利润总额/主营业务收入
    ws[f'K{i}'] = f'=I{i}/B{i}'

# 让单元格的宽度进行自适应
for cell in ws[max_row]:
    ws.column_dimensions[cell.column_letter].bestFit = True

# 将B-I列隐藏
ws.column_dimensions.group('B',end='I', hidden=True)

# 创建用于表示"收入利润率"的折线图
chart = _create_line_chart(ws, max_row)
# 创建用于表示"收支系数"的柱形图
bar_chart = _create_bar_chart(ws, max_row)
# 将两个图形组合成一个图形
chart += bar_chart

# 设置组合后的图形的宽度
chart.width = 25
# 设置组合后的图形的高度
chart.height = 13

# 设置组合后的图形的title
chart.title = f'{code} 利润表分析'
# 将组合后的图形添加至Worksheet中,并且图形的左上角的锚点位于Sheet的"M2"位
  置上
ws.add_chart(chart, anchor='M2')

# 用于存放分析图表文件的文件路径
save_file = f'{ANALYSIS_FILE_DIR_PATH}{code}_lrb_analysis.xlsx'
# 保存文件
```

```
wb.save(save_file)
```

上面的代码与前两节的代码没有太大的区别,这里使用了对列隐藏的方法及column_index_from_string()函数来获取列字母所对应的数字列号(如 A→1)。

本例还使用 Excel 来计算指标。Excel 在计算时会处理很多异常情况,如对于非数字相加的处理等,这样能大大地减少代码量并且提高程序的可靠性。

执行以上代码,得到如图 11.5 所示的图表。

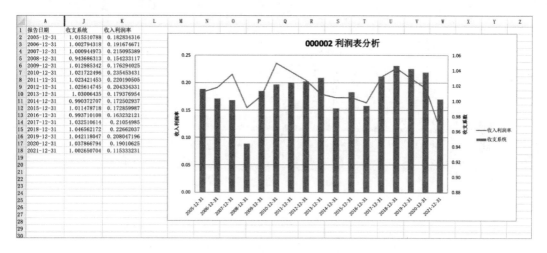

图 11.5 利润表分析数据图表

至此,本章的项目实例就讲解完了,读者可以根据实际情况将其运用到自己的实际工作中。这里给读者留一项作业,即希望读者能够对本章的代码进行一次重构。

11.5 小　　结

本章主要利用 Pandas 来加载和处理数据,然后通过 Openpyxl 生成各种指标的分析图表,读者可以根据本章所讲的一些处理方法,再结合自身的工作灵活运用。

至此,本书的内容就全部讲解完成了。希望通过本书的学习,能够提高读者的开发技能和工作效率。

还需要再次强调一下,本项目中的数据并未按照会计准则等要求来处理,读者不要把关注度放在这些指标的公式上。